우주비행사에게
물어보는
시시콜콜 우주 라이프

세르게이 랴잔스키 지음
알렉세이 옙투센코 그림
박재우 옮김

 북스힐

머리말

저는 우주비행사 세르게이 랴잔스키(Sergei Ryazansky)입니다.

국제우주정거장에 두 번 다녀왔던 경험이 있는데 아주 만족스러웠습니다. 우주정거장에서 지구를 바라보았을 때 나는 꿈을 이루었다고 생각했고, 꿈을 이루는 놀라운 사람들을 만날 수 있어서 매우 운이 좋았습니다.

어린시절 우주비행사가 될 것이라고 생각하지 않았습니다. 물론 최초의 소련 로켓, 위성 및 행성 간 기지의 구축에 참여한 할아버지 미하일 세르게이비치 랴잔스키(Mikhail Sergeevich Ryazansky)가 성격 형성에 영향을 미친 것은 사실입니다. 하지만 저는 생물학에 더 끌렸습니다. 아이러니하게도 저를 우주로 인도한 것은 생물학이었습니다.

비행 후에는 우주선과 우주정거장의 설계를 개선하고 우주탐사 프로젝트를 변경하기 위해 세부 사항에 관심이 있는 전문가 앞에서뿐만 아니라 일반 대중들에게 이야기해야 하는 경우가 많았습니다. 하지만 기껏해야 우주에 대해서는 유리 가가린의 위업 정도만 기억하고 우주 탐험의 현실과는 거리가 먼 사람들과 더 자주 이야기 했습니다. 그러나 그들이 더 많은 것을 배우고 직접 정보를 얻는 데 관심이 많다는 것이 기뻤습니다. 이러한 만남 후에 우주의 과거, 현재, 미래에 더 관심을 가질 것이라 믿습니다. 그리고 아마도 그들 중 누군가는 이 크고 중요한 활동에 동참하고 싶어할지도 모릅니다.

만남이나 강의에서 많은 질문들이 나옵니다. "로켓이 어떻게 떨어지지 않고 날아가나요?"와 같은 아주 기초적인 질문에서부터 "밀수품을 어디에 숨기고 있나요?"와 같은 엉뚱한 질문을 하는 사람들도 있습니다. "우주복을 입고 코를 긁는 방법"과 같은 이상한 질문들도 있습니다. 제법 전문적인 질문들도 있습니다. "우주정거장에서 컴퓨터 네트워크는 어떻게 작동하나요?" 또는 "촬영할 때 어떤 기술을 사용하나요?" 등등으로 다양합니다.

물론 질문의 수준은 청중에 따라 크게 달라집니다. 아이들은 더 순진하고 이상한 질문을 합니다. 똑똑하고 재치 있는 비즈니스 담당자는 문제를 해결하기 위한 리더십, 동기 부여, 팀 구축 및 우주 접근 방식에 관심이 있습니다.

어떤 질문들은 계속 반복됩니다. 특히 인터넷을 통해 그러한 질문에 대답한 경험이 있기 때문에 그러한 질문들이 오면 한꺼번에 모아서 서면으로 답장을 합니다. 답변과정은 다음과 같습니다. 출판사 "봄보라(BOMBORA)"가 독자들로부터 우주비행사 랴잔스키에게 할 질문을 모집합니다. 질문한 순서대로 저에게 전달되면 답변을 작성합니다. 먼저, 일반적인 고려사항을 딕터폰(dictaphone)*에 녹음하고 답변을 수정이 가능한 파일로 만들어서 전달합니다. 마지막 질문과 답변은 수신 순서가 아니라 몇 가지 기준

---

* 속기용 구술 녹음기의 상표명.

에 따라 정렬됩니다. 제일 먼저 답변하는 것은 가장 순진해서 대답하기 어려운 질문입니다. 그 다음은 더 실용적이고 지구와 우주에서 우주비행사의 일상생활에 관한 질문입니다.

일부는 더 자세히 답변한 것도 있지만, 그렇지 않은 것도 있습니다. 예를 들어 도킹 장치의 디자인에 대한 질문과 같은 종류는 어느 시점에서 특정 지점까지만 답변할 수밖에 없다는 것을 깨달았습니다. 왜냐하면 손가락으로는 셀 수 없는 모든 종류의 내용을 순수하게 나열하기만 한다면 기술적인 뉘앙스가 첨가되어 재미있어야 할 과학책은 즉시 재미없는 참고서가 될 수 있기 때문입니다. 그러나 주로 청소년을 포함하여 가능한 가장 많은 사람들에게 우주비행에 대한 지식을 제공하는 것에 흥미를 느낍니다. 현대 교육에서 중점을 둬야 하는 것은 우주비행에 대한 지식이라고 생각합니다. 세부 사항은 특별한 문헌이나 인터넷에서 언제든지 찾을 수 있습니다. 저도 필요할 때는 이러한 전문 서적을 참조합니다. 그러나 대중화된다면 인간 활동의 특정 영역에 대한 일반화된 관점을 제공할 수 있습니다.

이 책이 우주비행사가 하는 일과 인류가 원칙적으로 우주비행을 필요로 하는 이유에 대한 질문에 답이 되기를 바랍니다.

차례

Chapter 1   혼자만이 아닌 우주에서

Chapter 2 어떻게 해야 우주비행사가 될 수 있을까요?

Chapter 3 우주정거장으로의 비행 준비

Chapter 4 국제우주정거장에서의 생활

Chapter 5   지구로의 귀환

Chapter 6　비행 후 생활

혼자만이 아닌 우주에서

우주란 무엇일까요?

•

로켓은 어떻게 날아갈 수 있나요?

•

우주여행이 대중화될 수 있을까요?

001 우주란 무엇일까요?

"우주"라는 단어는 고대 그리스어 코스모스(κόσμος)에서 왔으며 "우주"는 "세계"를 의미한다. 또한 고대에 우주는 우주의 중심에 위치한 지구 주변의 공간으로 이해되었다. 오늘날 우리는 지구와 대기 밖에 있는 모든 것을 우주라고 부른다. 물론 지구도 우주의 일부다.

우주는 우주물체와 우주환경으로 구분해볼 수 있다. 우주물체는 별, 행성, 달, 혜성, 소행성, 운석과 같은 거대한 물체다. 그들 사이의 빈 공간을 우주 공간이라고 한다. 우주환경은 태양열과 빛, 행성과 달의 반사광, 우주 복사, 우주 먼지, 성간 가스 등 모든 유형의 복사 및 산란 물질로 구성된다.

우주 공간은 일반적으로 지구 근방, 행성 간 및 항성 간 등으로 나눌 수

수만 개의 은하군

폭죽이라 불리는 NGC 6946 은하

은하수 내 웨스터룬드2 산개성단

있다. 또한 성운, 은하, 은하군은 특히 눈에 띈다. 사실 이러한 물체들은 질량이 매우 크지만 일반적으로 많은 다른 물체로 구성되어 있다. 그래서 보통 "은하 외 성운", "은하 간 공간", "은하 내 환경"과 같은 용어로 불리고 있다.

우주는 우리로부터 약 460억 광년 떨어진 관측 가능한 가장자리까지 뻗어 있다. 그러나 언젠가 천문학자들이 관측의 한계를 넘어서는 무언가가 있거나 다른 우주가 실제로 존재한다는 것을 증명한다면 우주는 무제한이라고 할 수 있다.

002 인류는 왜 우주에 가나요?

재미라는 것은 인생에 있어서 매우 중요하다. 인류에게 우주가 필요한 이유는 무엇인가? 그것은 앞으로 나아가고 싶은 욕구가 있기 때문이다. 무

우주정거장에서 일하고 있는 세르게이 랴잔스키

언가를 탐험하고, 어딘가로 가고, 근본적으로 새로운 것을 추구하고 싶어하는 사람들이 항상 있다. 그들은 가만히 앉아있을 수 없다. 나도 아마 그 중 하나일 것이다. 우선 우주는 미지의 것을 만나려는 사람의 꿈이다. 우리는 지구를 잘 안다고 할 수 있다. 우리는 바닷속에 들어가고, 산을 오르고, 남극에도 간다. 이제 새로운 것이 필요하다.

우주는 엄청난 기술적 수익이 기대된다. 새로운 엔진, 새로운 재료, 새로운 통신 시스템, 우주선을 위한 생명 유지 시스템, 제어 시스템 등 우주비행을 위해 수행되는 모든 성과는 일상생활에서 매우 유용한 결과를 낳고 있다. 더 많은 사례를 나열할 수 있다.

나는 화성 탐사의 적극적인 지지자다. 학생들에게 하는 별도의 강의가 있는데, 그 안에 우주비행과 관련하여 화성과 지구에서 사용하기 위해 인류가 필요로 하는 기술들이 있다. 그중에 하나가 "두 행성의 미생물 보호 기술"이다. 그게 과연 필요할까? 필요하다! 우리는 이웃 행성에서 미생물을 가져오고 싶지도 않고, 화성 녹색 미생물을 여기에 가져오고 싶지

도 않을 것이다. 미생물을 보호한다는 것이 지구상의 여러 곳에서 유용할 것임이 분명하다. 또한 "방사선 보호 기술" 그게 필요할까? 필요하다! 체르노빌이나 후쿠시마와 같은 거대한 사고가 다시 발생한 경우를 생각해 보라. 만약 화성의 비행을 위해 신뢰할 수 있는 방사선 방호시스템이 설계 및 구축된다면 이 새로운 기술이 방사선 사고가 난 지구에서 아주 유용하게 사용될 것이다. "쓰레기 처리기술" 그게 필요할까? 필요하다! 우리는 지구를 오염시키고 있는데 우주에서도 마찬가지다. 지금 우주정거장에 쌓인 쓰레기를 우리는 어떻게 처리하고 있을까? 우주화물선은 우주

정거장에 유용하고 맛있는 것들을 많이 가져온다. 유용하고 맛있는 것을 우주정거장에 옮겨 싣고 쓰레기를 우주화물선 빈 곳에 채운다. 그런 다음 우주정거장에서 떨어져 나와 대기에 진입시켜서 태워버린다. 그러나 화성에서는 이런 상태를 오래 지속할 수 없다. 이 행성의 자연적인 순수성은 침해하면 안 되기 때문이다. 예를 들어, 만약 어떤 형태의 생명체가 있다면 쓰레기로 그들을 죽일 수 있다. 따라서 우리는 근본적으로 새로운 재활용 시스템, 즉 우주비행사가 생산하는 모든 것을 재활용할 수 있는 일종의 진공프레스와 생물반응기를 만들어야 한다. 이러한 기술은 지구에서 매우 유용하다고 생각한다. 그러나 그것들은 너무 비싸서 지금은 만들지 않겠지만 화성으로의 비행은 필요하기 때문에 이 문제를 해결할 동기를 제공할 것이다.

그렇다면 인간은 왜 우주 공간이 필요할까? 우주는 인류의 미래다. 그리고 우주는 현재에 미래의 문제를 생각하게 만든다.

003 우주비행은 왜 하나요?

이미 말했듯이 우주비행은 우리를 우주 공간에 보내서 미래의 문제에 대해 생각하고 오늘날 문제를 해결할 수 있는 기회를 준다. 물론 그 목표는 순전히 실용적인 목표, 즉 요구되는 기술만 만드는 것이 아니다.

우주는 우리에게 천문학, 우주론, 행성학 등 새로운 과학 지식을 제공한다. 행성 간 우주선의 도움으로 우리는 우주 근처, 주변 세계, 소행성, 혜성 및 주위 환경을 연구한다. 궤도를 도는 망원경의 도움으로 우리는 좀 더 먼 우주, 별, 다른 별의 행성, 은하, 성운을 연구하기도 한다. 이러한 것들은 우리에게 무엇을 제공해줄까? 우리는 우주가 어떻게 작동하는지, 어떻게 발생했는지, 어떻게 형성되었는지 더 잘 이해하게 되었다. 무엇보다 가장 중요한 것은 우주의 과거를 연구하면 그것이 어떻게 변할 것인지 예측하고 잠재적인 위협을 예방할 수 있다는 것이다. 예를 들어, 작은 소행성에 대해서 적극적으로 알아보면, 우주에서는 작은 조각에 불과하지만 지구로 오게 되면 매우 위험할 수 있다. 소행성이 도시 꼭대기에 떨어지고 화재와 희생자가 있을 수 있기 때문이다. 소행성이 위협을 가한다는 사실을 미리 알게 되면, 우리는 그 소행성에 장치를 보내 충돌 궤도에서 벗어날 시간을 벌 수 있다. 그렇다 하더라도 영화에서처럼 원자폭탄을 사용할 필요는 없다. 우주선에 있는 로켓 엔진 정도만이라도 소행성에 부착하고 측면에 충동을 주는 것으로 충분하다. 혜성도 마찬가지다. 갑자기 많은 수의 혜성이 출몰하고 그중 큰 혜성의 핵이 지구와 충돌하면 한 도시보다 훨씬 더 많은 파괴를 초래할 것이다. 혜성이나 소행성의 출현을 대비하여 우리는 저궤도에 경고 및 예방 시스템을 설치해야 한다. 그리고 지구상의 모든 생명체, 기후, 생산성, 많은 장치, 통신, 위성의 성능이 태양에 영향을 받기 때문에 태양과 그 활동을 연구하는 것이 중요하다. 우리는 별에게서 무엇을 기대할 수 있는지 상상하기 위해 별에 대해 더 잘 알아야 한다.

또 다른 중요한 과학적 목표는 우주에서 인간 자신을 연구하는 것이다. 우리는 이미 유인 우주비행을 하고 있다. 우리는 무중력, 우주방사선, 특수한 대기와 같은 새로운 환경에 진입했다. 이러한 환경이 사람, 생리,

국제우주정거장, International Space Station(ISS)

정신에 어떤 영향을 미칠까? 신체의 부정적인 변화 없이 우주에 얼마나 오래 머물 수 있을까? 변화를 방지하기 위해 무엇을 할 수 있을까? 우리는 반세기 이상 우주를 날아다녔지만 우주는 여전히 놀라움을 준다. 하지만 우주비행사마다 느끼는 것은 다를 수 있다. 일반적인 아이디어를 얻으려면 우주로 더 자주 비행하고 더 오래 머무르며 올바른 통계를 위해서 많은 데이터를 수집해야만 한다. 우리와 동반하는 동물, 식물, 미생물에 대해서도 마찬가지다. 우주 환경의 영향으로 그들이 어떻게 변하는지 알아야 한다. 왜냐하면 우리가 가는 곳마다 지구의 "조각" 즉 지구의 생물권은 항상 우리와 함께 할 것이기 때문이다.

그러나 우주비행에는 명심해야 할 두 가지 더 궁극적이고 흥미로운 목표가 있다. 첫 번째는 다른 삶, 다른 마음을 찾고 미지의 생명체와의 접촉에 대한 준비를 하는 것이다. 두 번째는 인류를 위한 새로운 장소, 여분의 행성을 찾는 것이다. 달걀을 한 바구니에 담지 말라*는 말이 있다. 우리는 지구가 언젠가는 뜨거워져서 생명에 부적합하게 되고 금성 같은 환경으로 바뀔 것이라는 사실을 알고 있다. 그렇다면 화성에서의 인간의 삶이 가능하도록 노력하는 게 좋지 않을까? 또 더 나아가서 목성과 토성의 위성, 별들까지 조만간 인류가 생존하고 문화를 보존하려면 이 문제를 해결해야 할 것이다. 우주비행은 인류의 불멸에 관심을 가진다는 것이 밝혀졌다. 여러분은 어떤 목표가 더 중요하다고 생각하나?

004 왜 드론이나 로봇이 아닌 사람이 우주로 갈까요?

사실 드론이나 로봇도 우주비행이 가능하지만 나는 이 질문이 무엇인지 이해가 된다. 그 질문은 모든 우주기관들을 괴롭히는 과제다. 실제로 모든 우주개발국은 유인 및 무인 우주 개발 계획을 가지고 있다. 모두가 두 가지의 계획을 추진하려고 하지만 아쉽게도 그럴만한 비용이 충분하지 않다. 그래서 화성을 연구하기 위한 행성 간 우주선(유인 또는 무인) 또는 궤도로 날아갈 새로운 인공위성(또는 유인 우주정거장) 건설 중 더 중요한 것을 선택해야 한다. 어떤 사람은 우주선을, 어떤 사람들은 인공위성을 옹호한

---

* 세르반테스의 돈키호테에 나오는 말로 바구니에 계란을 가득 담으면 무게 때문에 깨질 수도 있다는 문장이며, 여기서 필자는 지구에서의 문제들의 누적 등으로 인해 인류가 언젠가는 지구를 떠나야 한다는 의미로 이 문장을 쓴 것으로 보인다. ─ 역자 주

다. 각자는 그 주장에 대한 이유를 가지고 있다. 그러나 나는 유인과 무인 우주의 두 영역이 공생하면서 함께 발전해야 한다고 믿는다.

첫째, 그들은 서로를 완벽하게 보완한다. 둘째, 정반대의 문제를 해결한다. 무인 차량의 대표적인 것이 무엇일까? 기본적으로 우주 탐사용 로봇인 로버이다. 하지만 지능이 없기 때문에 프로그램에 규정된 제한적인 기능만 수행할 수 있다. 예를 들어, 로봇은 다른 행성의 대기에 산소가 있는지 여부, 온도, 압력, 방사선, 토양과 암석의 화학적 구성이 무엇인지 확인할 수 있다. 로봇 대신 사람이 행동하는 유인 우주비행은 완전히 다른 일에 관여할 수 있다. 사람은 자신의 과제에 창의적으로 접근하고, 더 많이 보고, 상황 변화에 더 빨리 반응하며, 관심이 있는 경우 연구 프로그램을 변경할 수 있다. 물론 로버를 조종하는 지구상의 운영자도 연구 프로그램을 조정할 수 있지만 차량을 잃어버릴 위험 없이 항상 가능한 것은 아니다. 로버가 토양을 채취하는 동안 드릴이 깨지면? 아니면 바퀴가 빠질 수도 있다. 그러면 모든 프로그램이 중단된다! 그러나 사람은 확실히 무언가를 생각해 내고, 교체하고, 고치거나, 반대로 효율성을 높이기 위해 무언가를 오히려 부수어 버릴 수도 있다. 실제로 그런 경우가 있었다. 즉흥, 창의성 등이 진정 유인 우주 탐사가 유용한 이유다.

예를 한번 들어보자. 우주정거장 관측소에는 미생물 샘플을 채취하기 위한 키트가 있다. 패키지에는 24개의 시험관이 있으며, 20개의 시험관은 일정한 장소에 두어야 하고, 4개는 승무원이 보이는 곳에 둔다. 왜냐하면 승무원은 항상 특이한 것을 찾아낼 수 있기 때문이다. "여기가 내가 알고 있는 곳인데 정체 영역이 있는 것 같았다." 또는 "이상한 물체가 있다. 내

우주 공간에서 일하는 세르게이 랴잔스키(사진: 잭 피셔)

가 가져가겠다. 무엇이냐구요? 어떤 종류의 산화물 또는 미생물인 것 같다." 진정한 창의력이 필요하다! 만약 사람이 그 과정에 참여한다면 우리는 10배 더 많은 일을 할 수 있고 알아낼 수 있다. 위험할 수 있으나 이것은 극한 조건에서 인간을 보호하기 위한 기술을 개발하는 데 도움이 된다. 비용이 많이 든다. 그러나 우리의 삶을 더 좋게 바꾸는 것도 기술의 유용한 결과다. 따라서 인간과 로봇 사이에서 명확한 선택을 하는 것은 불가능하다. 우주비행의 두 방향은 서로를 보완하고 속도를 유지하며 더불어 발전해야 한다.

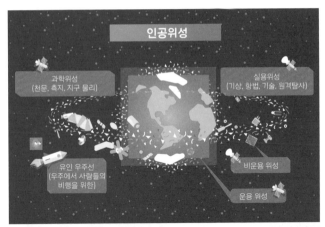

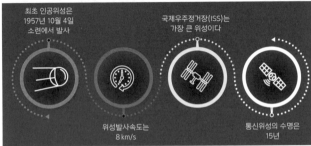

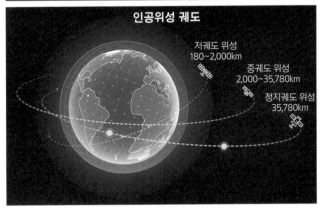

지구 주위의 인공위성들

005 우주비행은 우리 삶에 어떤 영향을 미쳤나요?

순전히 실용적인 것에 대해서만 이야기한다면 가장 먼저 떠오르는 것은 통신이다. 나는 거리에 있는 공중전화로 친구에게 전화하기 위해 2코페이크* 동전을 미친 듯이 찾았던 시절이 기억난다. 이제 이것은 상상하기 어렵다. 모든 사람이 휴대폰을 가지고 있기 때문이다. 처음에 텔레비전 방송을 제공하고 직접 통신까지 가능하게 했던 위성통신시스템은 지구상에서 유사한 시스템의 개발을 촉진했다. 이제는 인터넷에 접속할 수 있는 스마트 폰과 태블릿을 늘 있었던 것처럼 사용하고 있다.

아는 사람은 거의 없지만 우주비행과 관련된 기술발전의 결과로 인터넷도 생겨났다. 원래 인터넷은 핵미사일 군을 위한 통제 시스템을 만드는 과정에서 개발되었다. 이때도 여전히 우주비행 요소가 고려되었다. 이제 인터넷은 가전제품에서도 찾아볼 수 있고, 어디에나 존재한다.

이 모든 것이 매우 수익성이 높기 때문에 사업가를 끌어 들여 많은 돈이 상용 우주비행 개발에 투입됐다. 그리고 통신 및 텔레비전 외에도 교통, 항법, 지구 표면 지도 작성, 위성궤도에서 광물 검색 및 날씨 관찰을 했던 것을 기억할 수 있다. 위성 덕분에 우리의 삶은 매년 더 안전하고 편안해진다.

유인 우주 탐사도 직간접적으로 상업적 이점을 제공한다. 앞서 말했듯이 마침내 화성 탐험을 본격적으로 시작하려면 우주선의 승무원을 보호하고 필요한 물건 등을 제공하기 위해 많은 문제를 해결해야 한다. 음식과 물을 저장하는 시스템, 폐기물 재활용, 수리 및 의약품 도구, 새로운 에너

---

* 소련 시대의 화폐단위로 가장 작은 단위이다. ― 역자 주

지 생성기 등이 필요하다. 그리고 이 모든 것은 가볍고, 작고, 안정적이며, 매우 효율적이어야 한다. 만약 이러한 문제가 해결되면 이 과정에서 발명품, 특허, 기성품 조립 라인이 발생된다. 그리고 이 모든 것은 기업에 이익을 가져오게 될 것이다. 이미 역사에 예가 있다. 미국 아폴로 달 착륙 프로그램 덕분에 옷에 달린 벨크로, 소방복, 테플론 팬, 마이크로컴퓨터, 에너지 절약 주택과 같은 새로운 것들이 우리 삶에 많이 들어 왔다. 오래전부터 있어 왔던 성과에 불과하다.

아마도 내가 나열한 새로운 항목은 우주비행 없이도 나타났을지 모른다. 그러나 우주비행 덕분에 훨씬 일찍 우리 삶에 들어 왔다.

006 러시아는 왜 카자흐스탄에 있는 바이코누르에서 우주비행을 시작하나요?

R-7 대륙 간 탄도 미사일을 개발할 때 사람에게 피해가 최소한으로 가도록 하는 테스트를 위한 새로운 시험장이 필요했다. 주 위원회는 세 가지 옵션을 고려했다. 첫 번째는 마리 자치 공화국으로, 전쟁 후 상당한 삼림 벌채가 남아 있고 좋은 교통 경로가 있다. 두 번째는 카스피 해의 서쪽 해안이었다. 그 지역은 볼가 강을 따라 바지선으로 미사일 유닛을 인도할 수 있다. 세 번째는 바이코누르 근처의 튜라탐(Tyura-Tam)* 역으로, 러시아의 모스크바에서 우즈베키스탄의 타슈켄트로 향하는 철도가 통과하는 곳이다. 세 번째 옵션을 위원회에서 가장 좋아했으며 1955년에 결정됐다.

---

* 현재 카자흐스탄에 속해 있으며 당시에는 소련의 영토였다. — 역자 주

2013년 9월, 소유즈-FG 발사체를 바이코누르 발사장에 인도
(사진: 안드레이 쉘핀/우주비행사 훈련센터)

물론 그 당시에는 누구도 로켓시험 장소가 바이코누르 우주비행장이 되고 카자흐스탄이 독립할 것이라고 상상하지 못했다.

카푸스친 야르(Kapustin Yar) 및 플레세츠끄(Plesetsk) 테스트 사이트도 로켓 발사에 사용되지만 오늘날 바이코누르(Baikonur)의 장점은 유인 발사를 위한 검증되고 준비된 인프라를 갖추고 있다는 것이다. 모든 것의 오류는 검증되고 작업은 시계처럼 작동한다. 발사장이 남쪽에 있을수록 더 많은 궤도를 돌 수 있기 때문에 이러한 의미에서 바이코누르의 위치는 다른 사이트보다 유리하다.

007 우주와 대기의 경계는 어디일까요?

한 세기 전 과학자들은 대기의 경계가 고도 12km에 달한다고 믿었다. 물론 그 당시 그렇게 믿었던 이유가 있었지만, 결론적으로는 우리가 호흡에 적합한 기체 혼합물을 포함하는 것이 대기라 한다면 실제로 10km 지역에서 끝난다. 물론 이 수준에서는 저압 및 낮은 산소 함량으로 인해 사람이 죽게 된다. 추후 진행된 성층권 풍선과 고고도 항공기에 대한 연구는 대기가 훨씬 더 확장되었음을 보여주었다.

오늘날 우주 공간의 조건부 경계는 고도 100km까지 확장된다. 그리고 이것은 단순히 깔끔하게 떨어지는 숫자가 아니라 날개를 가진 비행기가 비행을 하는 데 필요한 공기의 양력이 작동하지 않는다는 사실과도 관련이 있다. 비행기는 거기에 올라갈 수 없으므로 이 시점부터 우주비행 영역이 시작된다.

그러나 실제적으로 이 문제를 더 살펴보면 대기가 100km의 고도에서 끝나지 않는다. 물리학자들은 행성 간 공간 속에서 대기가 끝나는 지점은 외계권에서 발생한다고 말한다. 그 지점은 달과의 거리의 절반인 19만km에 달한다! 그렇다 해도 인공위성과 국제우주정거장은 여전히 공기가 매우 희박한 대기에 있다. 비록 희박하지만 대기 입자들의 영향으로 지구 근처의 물체는 속도가 천천히 느려진다. 만약 더 밀도가 높은 층으로 들어가면 타버릴지도 모른다. 그래서 국제우주정거장의 궤도를 유지하려면 추력기를 사용하여 고도를 계속 높여줘야만 한다.

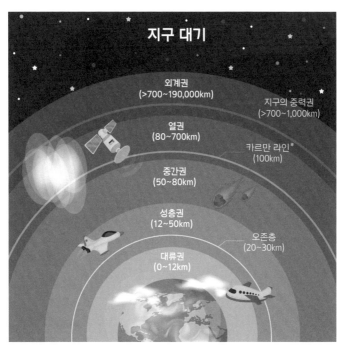

지구 대기

외계권
(>700~190,000km)

지구의 중력권
(>700~1,000km)

열권
(80~700km)

카르만 라인*
(100km)

중간권
(50~80km)

성층권
(12~50km)

오존층
(20~30km)

대류권
(0~12km)

대기 구성

008 로켓은 어떻게 작동할까요?

가장 단순한 로켓조차도 노즐이 있는 로켓 모터, 연료 탱크 및 탑재체의 3
가지 요소로 구성된다. 하지만 그러한 로켓은 비행을 제어하지 않으면 멀
리 날지 못한다. 이것은 지구로부터의 무선 명령 또는 프로그램에 따라

---

* 대기의 99.99997%가 존재하는 라인으로 'Kármán line'라고 불리며 100km이하에 존재
한다. 국제 협약에 따르면 이곳은 우주비행사들이 여행할 것으로 여겨지는 우주의 시작점
으로 지정되었다.

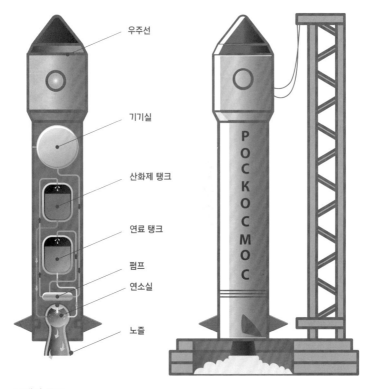

우주선

기기실

산화제 탱크

연료 탱크

펌프

연소실

노즐

로켓의 구조

작동하는 제어 장치가 필요하다는 것을 의미한다. 제어장치는 어떻게든 로켓의 궤적이 코스를 벗어나지 않도록 하는 데 필요하고, 제어장치가 조절하는 소위 조절대상은 주로 방향타인데 발사체의 종류에 따라 다음과 같이 나눌 수 있다. 비행 방향타가 달린 날개와 꼬리는 순항 미사일에 배치되고, 노즐 내부의 가스 방향타는 탄도 미사일에 사용되며 그리고 스티어링 엔진의 회전 노즐은 우주 로켓에 사용된다.

로켓 연료는 일반적으로 연료와 산화제로 구성된다. 실수로 혼합되거

가운데 서 있는 승무원인 세르게이 랴잔스키와 뒤편에 보이는 것이 소유즈-FG 로켓이고,
이 로켓으로 3일 만에 우주비행사를 우주로 보냈다(사진: 안드레이 쉘핀/우주비행사 훈련센터)

나 점화되는 것을 방지하기 위해 탱크가 서로 분리되어 있다. 또한 연료와 산화제가 엔진 및 연소실에 지속적으로 공급되는지 확인하는 것이 중요하다. 그리고 이 연소실의 압력이 클수록, 엔진의 효율이 높아질수록 로켓은 더 멀리 날아갈 것이다. 1930년대에 등장한 액체 추진제를 사용하는 최초의 로켓에서 그들은 연료 공급을 조절할 수 있으나 이러한 엔진은 추력과 효율성이 낮다. 즉, 탱크에 저장된 에너지를 완전히 사용하지 못하는 경우가 발생한다. 그래서 오늘날에는 터보 펌프 장치가 사용된다. 터빈은 연료 구성 요소를 순환시키는 펌프를 구동한다.

구조가 단순한 로켓은 그 자체가 무겁기 때문에 무거운 탑재체를 궤도에 올릴 수가 없다. 그래서 사람들은 다단계 로켓, 즉 스테이지라고 불리는 2, 3, 4개의 로켓을 연결하는 아이디어를 내놓았다. 어떻게 작동할까? 첫 번째 단계의 연료 탱크가 비어 있으면 버려지고 두 번째, 세 번째 및 네 번째 엔진이 작동하기 시작한다. 빈 탱크를 더 이상 가지고 올라갈 필요가 없는 이점을 얻을 수 있다.

다단계 로켓은 전통적으로 순차적인 단계 배열을 기반으로 한다. 그러나 그들은 오랫동안 첫 번째 엔진을 분리한 후 두 번째 단계 엔진을 시동하는 시스템을 개발할 수 없었다. 따라서 세르게이 까랄료프(Sergei Korolev) 팀은 "패키지"라는 개념을 도입한다. 즉 중앙 로켓 옆에 조그만 보조 로켓을 연결하고 발사 시 동시에 작동시키는 독창적인 아이디어를 제안했다. 이것이 최초의 대륙 간 로켓이 된 R-7 로켓에 사용했던 방법이다. 그것은 단순히 "7"이라고 불린다. 이를 바탕으로 나중에 위성과 우주비행사를 발사하기 위한 로켓이 만들어졌고 지금은 가장 현대적인 캐리어 로켓 "소유즈-U", "소유즈-FG" 및 "소유즈-2"도 만들어졌다.

R-7 로켓의 "패키지"는 중앙 모듈 A와 4개의 측면 모듈 B, C, D 및 E 의 5개 모듈으로 조립된다. 모든 모듈의 엔진은 시작과 동시에 시동된다. 탱크를 비운 후 측면 모듈이 분리되고 중앙 모듈이 계속 비행한다. R-7 로켓은 1957년 5월 15일에 처음 발사되었다. 60년 동안 거의 1,900개의 이 계열의 로켓이 발사되었으며 2,000개 이상의 위성과 행성 간 우주선이 발사되었다. 우리는 R-7 로켓이 우주비행의 "일꾼"이라고 말할 수 있다.

그러나 엔지니어의 생각은 여기서 멈추지 않았다. 단계의 순차적 배열 계획도 결국엔 마스터되었다. "7"은 세 번째 단계인 모듈 F로 보충되었다. 이를 통해 최초의 연구용 우주선이 행성 간 경로로 발사되었고, 우주비행사와 함께 궤도에 진입한 최초의 우주선도 발사되었다.

009 로켓은 어떻게 날아갈 수 있나요?

일반적으로 제트 추진의 원리는 매우 단순하다. 그러나 많은 사람들은 여전히 세부 사항에 대해 혼란스러워한다. 아마도 그들은 할리우드 영화를 보면서 마치 복잡하고 뭔가 큰 능력이 있는 것처럼 상상하기 때문일 것이다. 예를 들어 로켓이 공중에서 공기에 튕겨 나간다는 말을 들었다. 그러면 공기가 없는 우주에서 어떻게 날아갈까?

제트 추진은 반작용에 의한 움직임이라고 생각하면 된다. 권총을 쏜다고 가정해 보자. 총알이 발사된 후 반동이 당신의 손을 뒤틀 것이다. 이것이 반작용의 힘이다. 만약 중력이 0인 우주기지에 탑승해서 권총을 발

소유즈 -FG가 2017년 7월 28일 바이코누르 우주비행장에서 발사되었다
(사진: 안드레이 쉘핀/우주비행사 훈련센터)

사했다고 가정해보자. 총알에 의한 반작용은 제트 추진력을 제공하고 당
신은 총알과 반대 방향으로 날아가게 될 것이다.

　제트 추진의 역학은 뉴턴의 제3법칙을 사용하여 설명된다. 우리는 학
교에서 그의 공식을 배웠을 것이다. 힘은 크기가 같고 방향이 반대인 힘
에 의해 서로 작용한다. 또는 반작용의 힘은 작용의 힘과 같다. 로켓의 경
우 작용하는 힘은 노즐에서 빠져 나가는 뜨거운 가스에 의해 생성되는 추
력이다. 그것은 로켓을 반대 방향으로 밀어낸다. 따라서 로켓은 다른 힘
을 가할 필요가 없다. 그것은 그 자체로 추력을 생성하고, 추력의 반작용

의 힘으로 인해 대기뿐만 아니라 우주에서도 가속으로 날아간다.

동시에 로켓의 동작은 반응이라고도 하며, 그러한 환경은 작용과 반
작용의 힘을 생성하는 데 사용된다. 예를 들어, 여객기 터보 제트 엔진은
주변 공기를 사용하여 작동 가스 혼합물을 생성한다. 오징어는 사냥을 하
거나 도망칠 때 흩어지기 위해 몸을 통해 주변의 물을 펌핑한다. 그러나
여객기와 오징어도 우주에서는 날 수 없다.

010 궤도 진입에 걸리는 속도는 얼마인가요?

아주 크다. 로켓은 점진적으로 속도를 높여서 우주 고도로 올라갈 수
있다. 속도는 어느 시점에서 로켓이 궤도에 진입할 정도가 된다. 위대한

아이작 뉴턴은 상상 실험을 했다. 꼭대기가 대기 밖에 있는 가장 높은 산을 상상해보자. 그 위에 대포가 장착되어 수평으로 발사하면, 대포알은 강력하게 발사될수록 산에서 멀어진다. 결과적으로 어느 특정한 힘에 도달하면 대포알은 지구에 떨어지지 않고 지구를 중심으로 회전할 정도의 속도가 될 것이다. 실제로 뉴턴은 이렇게 인공위성을 설명했으며 계산된 초기 속도의 값은 7.91km/s였다. 오늘날 그것은 "제1 우주속도" 또는 "탈출속도"라고 불린다.

물리적인 관점에서 말하면, 위성은 실제로 항상 중력의 영향을 받지만 떨어지지는 않는다. 왜냐하면 지구가 둥글기 때문이다. 한 마디로 위성이 둥근 지구의 표면을 우주궤도에서 계속 "달리는" 셈인 것이다. 뉴턴

뉴턴의 대포

의 대포는 지구가 평평하다면 필연적으로 인공위성이 어느 정도 거리를 날아가서 표면에 떨어질 것이다. 그리고 인공위성의 움직임이 진공 상태가 아니라 대기에서 일어난다면 공기 분자가 무수한 충돌로 속도를 늦출 것이기 때문에 위성도 언젠가는 떨어질 것이다. 지구에서 멀어지면 중력의 힘도 감소하기 때문에 제1 우주속도의 값이 감소한다. 예를 들어 고도 100km에서 속도는 7.85km/s이고 국제우주정거장의 고도[*]에서는 7.67km/s다. 위성의 속도를 약간 변경하여 궤도를 타원으로 만들 수 있으며, 결국은 언젠가 지구에 떨어지지만, 점점 고도를 올려서 행성에 대한 각속도가 회전 속도와 같아지는 고도[**]로 가져 오면 결과적으로 위성이 지구의 한 지점에 매달려있는 것처럼 보일 것이다.

011 달이나 화성에 가려면 얼마만한 속도가 필요한가요?

우주선이 행성 간 공간에 들어가 태양 주위를 공전하기 위해서는 "제2 우주속도 또는 탈출 속도"라고 하는 속도를 내야 한다. 우리 행성인 지구의 경우 11.19km/s다. 그 값은 고도에 따라 변하기 때문에 전문가들은 일반적으로 200km의 고도에서는 11.02km/s의 값이 되어야 한다고 본다. 이것은 행성 간 우주선이 시작되는 "중간궤도"가 지나가는 곳이다. 그러나 달은 동일한 중력권에 있고 우리 가까이에 위치하므로 직선 궤도로 달에 도달하기 위해 "제2 우주 탈출 속도"까지 가속할 수 없다. 지구 표면에서

---

[*] 400km.
[**] 정지궤도 357,800km. ― 역자 주

시작하려면 11.09km/s로 가속하는 것으로 충분하다. 중간궤도에서는 최대 10.92km/s로 가속하면 달까지 비행하는 데 5일이면 된다.

화성으로 날아갈 때 상황은 더욱 복잡해진다. 행성 간 공간에서 지구의 중력의 영향은 너무 작아서 무시된다. 따라서 태양과 관련된 속도에 대해서만 이야기하는 것이 합리적이다. 태양으로부터의 최소 "탈출 속도"는 42.12 km/s로 지구에서보다 4배 이상이다. 그러나 우리가 행성(여기서는 화성)의 이동 방향으로 발사하면 지구의 공전속도인 29.78km/s에 대한 이득을 볼 수 있다. 이것은 지구의 중력을 무시하고 12.34km/s의 속도만 있으면 화성으로 갈 수 있다는 것을 의미한다. 지구를 기준으로 약 16.54 km/s의 저궤도에서 출발하는 속도에 해당한다. 이를 "제3 우주속도"라고 한다. 에너지 보존 법칙을 통해 계산할 수 있다.

다행히도 화성으로 날아가는 데는 이러한 고속이 필요하지 않다. 오래전에 행성 간 비행을 할 수 있는 최소한의 연료가 필요한 최적의 궤도가 있는데 그것을 호만(Homan) 궤도라고 부른다. 이는 독일 엔지니어 월터 호만(Walter Homan)이 찾아냈기 때문이다. 최소한의 연료 소비로 화성 비행 궤적에 들어가려면 우주선을 11.42km/s의 속도로 가속해야 한다. 이는 달로 가는 궤적을 위한 속도보다 그리 크지 않다. 그러나 이 경우 화성은 지구에서 봤을 때 유리한 위치에 있어야 하는데, 이는 2년(조금 더 정확하게 얘기하자면 780일)마다 돌아온다. 호만의 궤적을 따라 화성으로 날아갈 수 있는 기간을 "발사창(Launch Window)"이라고 한다. 비행 자체가 올바르게 수행되면 259일 동안 지속된다. 초기 속도를 약간 높여 비행시간을 단축할 수 있다. 예를 들어 속도를 11.8km/s로 올리면 우주선은 165일 안

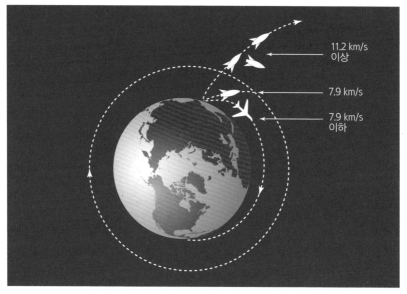

우주속도

에 화성에 도달한다. 최대 12km/s이면 144일 안에, 최대 13km/s이면 105일 안에 도달할 수 있다.

물론 이론적으로는 임의의 궤적을 따라 태양계를 비행하는 것이 가능하지만, 탄도 법칙을 깨뜨릴 수 있는 강력한 우주선은 아직 없다. 그리고 그것이 등장할지는 아직 미지수다.

012 지구는 왜 평평하지 않나요?

우주에 관한 다큐멘터리를 본 적이 있다면 물방울이 무중력 상태에서 구형이 되는 것을 눈치챘을 것이다. 그런데 왜 그럴지 생각해보았나? 물체

우주에서 본 지구(사진: NASA)

의 모양은 일종의 힘의 영향을 받는 경우에만 변경된다. 물에 어떤 힘이
작용할까? 이것은 표면 장력이다. 그 작용에 따라 액체는 최소한의 표면
적을 가진 모양을 취하는 경향이 있으며 가장 좋은 모양은 공이다.

그러나 지구는 단단한 고체이며 표면 장력의 힘은 그것과 아무런 관
련이 없다. 우주에 있는 고체의 경우 가장 큰 힘은 중력이다. 물론 매우 약
하지만 질량이 클수록 중력이 커지고 그 영향이 더 눈에 띈다. 지구를 포
함한 행성이 막 형성되었을 때 그들은 중력을 사용하여 주변 공간에서 물
질을 끌어들인다. 중력은 항상 더 질량이 큰 물체로 향하고, 물질은 가상

의 중심으로 향하며, 물체는 무중력에서의 물방울처럼 최소 표면적을 가진 형태를 취한다. 만약 지구가 원래 여행 가방 모양이라면 수천 년 후에 다시 공 모양으로 모일 것이다.

그러나 우주 물체, 예를 들어 소행성들은 구형을 얻지 못했다. 왜냐하면 그것은 모두 질량과 시간 때문에 그렇다. 우리가 기억하는 바와 같이 중력이 약하기 때문에 구 형태를 빨리 얻으려면 매우 큰 질량이 필요하다. 질량이 작으면 수십억 년이 걸릴 것이다. 세레스(Ceres), 베스타(Vesta),

팔라스(Pallas)와 같은 가장 큰 소행성은 구형이지만 나머지 작은 소행성은 때때로 "모양이 없는" 모듈처럼 매우 기괴하게 형성되었다.

013 우주비행을 좋아서 하나요? 어려움은 없었나요?

자신을 극복하는 것이 우주비행을 위한 준비라고 말하고 싶다.

어린 시절 수업과 시험이 많아서 학교에서 공부하는 것이 힘들었다. 이제 더 이상 공부를 안 해도 될 만큼 많이 나이를 먹었기 때문에 또 다시 공부하지 않아도 된다고 생각했지만 고등학교를 졸업 후 모스크바 주립 대학에 입학했을 때 학업 실패로 첫해를 거의 날려버렸다. 그 당시 경험으로 보면 더 많은 것을 배워야 했다. 내 문제는 수학이었다. 나는 수학에 매우 집중해야만 했다. 하지만 졸업장을 받게 된다는 사실로 스스로를 위로했고 이것으로 공부가 끝날 것이라고 생각했다. 그런 다음 논문 평가를 받아야 했고, 졸업 후 과학연구소에서 일하고 대학원에 들어갔는데 갑자기 거기에서도 공부하고 시험을 통과해야 한다는 것을 알게 되었다. 결국 조용한 삶이 다신 오지 않았지만 대학원 공부도 역시 오래 걸리지 않아 곧 끝났다.

그런 다음 나는 우주비행사 팀에 들어가 스타 시티에 도착했다. 거기서 이전에 배웠던 모든 것들은 실제와 많이 다르다는 것을 깨달았다. 그래서 완전히 새로 배우는 것처럼 느껴졌다. 2년 연속으로 아침부터 밤까지 공부하고, 100개 이상의 시험을 통과하고, 또 시험을 봤다. 솔직히 말하자면, 우주비행사 세르게이 랴잔스키의 주된 임무는 우주정거장에서 일하는 것인데 실제로는 우주로 날아가는 것이 아니라 공부하는 것이 주

국제우주정거장에서 일하는 세르게이 랴잔스키

된 임무가 되었었다. 비행과 비행 사이는 무엇을 하나요? 배우기! 그들이 당신을 우주선에 태우면 당신은 무엇을 하나요? 배우기! 그리고 자신을 극복하는 것은 주로 지구에서 발생한다.

물론 우주비행 자체도 매우 진지하고 힘든 작업이지만, 그로부터 즐거움을 얻는다. 우주비행이 어려운 길의 정점이자 비행 전 인생의 어려운 단계에 대한 보상으로 인식되기 때문이다. 맞다, 때로는 우주정거장에 탑승해서도 자신의 무언가를 극복해야 한다. 당신은 만난 동안 비좁은 방에서 일상적인 생활을 해야 하고, 가까운 사람들, 취미 및 기타 것들로부터 단절되어 있다. 동시에, 우주정거장의 벽 두께가 1.5mm이고 바깥에는 공허함이 있다는 생각이 끊임없이 정신을 갉아 먹는다. 한편으로 당신은 침착하고, 집중하고, 일도 잘 해야 하며, 다른 한편으로는 무언가 잘못되면 도와 줄 사람이 없다는 것을 이해해야 한다. 우리는 내면의 불안감에 대비하는 훈련을 받고 있기 때문에 쉽게 대처할 수 있다. 비행의 즐거움은 감정적 흥분을 포함한 모든 불편을 보상한다고 자신 있게 말할 수 있다.

014 우주여행이 대중화 될 수 있을까요?

우리의 일생 동안 우주 관광이 활성화되지는 않겠지만 많이 저렴해질 것이라고 확신한다. 첫째, 점점 더 많은 민간 기업이 우주에 진출하고 있다. 인간을 우주로 발사할 수 있는 시스템이 생기면 돈을 벌기 시작할 것이다. 둘째, 부유한 사람들 중에는 궤도로 또는 적어도 우주 고도로 날아가기를 원하는 사람들이 많다. 새로운 산업에 대한 그들의 공헌은 우주호텔, 우주 유람선 및 개인 우주항 건설에 중요한 원동력이 될 것이다. 민간에서 우주여행의 활성화를 위해 일종의 쇼를 할지도 모른다. 상업 과학 실험이 수행될 것이다. 무엇보다 가장 중요한 것은 우주 관광이 상업적으로 활성화되는 것이다. 오늘날 개인 우주선의 모든 비행은 일종의 극복이자 사건이라 할 수 있다. 이제는 그것들을 일상으로 만들 시간이다.

소유즈 우주선을 타고 비행한 우주 관광객들은 이미 미래 우주비행사에 대한 요구 사항 기준을 낮추는 역할을 했다. 일반인들은 전문적인 우주비행사보다 완벽하지 않기 때문에 기준을 낮추어야만 했다. 전문 우주비행사는 우주정거장의 조건에서 오랫동안 버티기 위해 건강을 유지해야 한다. 우주관광객도 상당히 좋은 수준의 체력을 가지고 있지만 우주에

우주비행사 훈련센터 원심 분리기의 세르게이 랴잔스키
(사진: 안드레이 쉘핀/우주비행사 훈련센터)

서 일어날 수 있는 최악의 일은 심장 문제다. 예를 들어, 지구상에서 심근 경색에 걸리기 쉬운 사람들은 마라톤을 뛰거나 무거운 짐을 들어 올릴 수 없다. 우주에서도 똑같이 합리적인 한계가 있지만 건강하다면 상황이 더 쉬워진다.

신기술이 미래의 우주여행자들의 삶을 어떻게든 편하게 만들 수 있을까? 물론 그럴 수 있다. 예를 들어, 콘택트렌즈와 플라스틱 안경의 출현으로 시력 요구 사항이 감소했다. 예를 들어, 약 −3디옵터로 내 눈이 그렇게 좋지 않다. 그러나 동시에 나는 정상적으로 비행하고 일해야 하는 전문 우주비행사다. 첫 비행에서 나는 렌즈(Soft Acuvue)를 사용해 보았다. 두 번째 비행에서 우리 셋은 모두 안경으로 시작했다. 둘은 원시이고 나는 근

시다. 우주비행사가 경험하는 과부하가 실제로 그렇게 중요하지 않다. 4~4.5g의 과부하는 어떤 것일까? 한번은 매년 시행하는 원심 분리기 테스트를 통과한 직후 고리키 공원에 가서 감각을 비교하려고 놀이기구 중 하나를 타기로 결정했는데 과부하가 상당히 높은 것 같았다. 실험은 성공했다. 4g이 아니라면 정확히 3.5g이었다. 고리키 공원의 승마 놀이기구를 타는 일반 성인은 거의 우주비행사 수준이라는 것이 밝혀졌다. 새로운 기술이 우주비행을 보다 편안하게 만드는 데 도움이 될 것이라고 확신하지만 본질적으로 건강한 사람이 되는 것만으로도 충분하다.

그러나 무중력은 경시하면 안 된다. 특별한 장치 없이 무중력에 적응하는 데 걸리는 평균 시간은 최대 7일이다. 일주일 후 신체는 무중력 상태에 적응을 시작하는데, 근육 위축이 나타나고 칼슘이 씻겨 나가는 등 변화가 발생한다. 따라서 비행, 생활, 사진 촬영, 일종의 실험 수행 및 복귀 등 10일 이상 궤도에 머물러서는 안 된다.

015 우주는 기술발전에 어떤 영향을 미쳤으며 미래에는 어떤 영향을 미칠까요?

현재 이 문제에 대해 몇 가지 논쟁이 있다. 왜 우리에게 우주가 필요한가? 우주는 우리에게 무엇을 주나? 우주개발에 들어가는 자금을 다른 활동 영역에 사용하는 것이 더 좋을까? 동시에 우리는 우주 기술의 결실을 끊임없이 사용한다는 사실을 잘 알지 못하고 있다. 통신과 항행 기술에 관한 것만이 아니다. NASA에는 우주 프로젝트의 구현으로 인해 등장한 기술에 대해 이야기하는 스핀오프 프로그램(https://spinoff.nasa.gov)에 대한 사이트가 있다. 거기에 없는 것이 무엇일까? 예를 들어 의료 분야를 볼까? 장기간의 무중력 상태가 인체에 부정적인 영향을 미친다고 이미 말했다. 우리는 특수 장비, 운동복 및 영양 보충제로 이를 해결한다. 그러나 지구상에는 부상 후 오랫동안 움직이지 않았거나 여전히 침대에 누워있는 사람들이 많다. 이런 사람들을 위해 우주 경험을 바탕으로 최적의 시뮬레이터가 만들어지고, 재활 절차 등이 개발되었다. 또한 우주비행사의 건강을 모니터링하기 위해 원격 모니터링 시스템을 사용하는데, 이 시스템은 만성 질환자 모니터링에서 운동선수 훈련에 이르기까지 의학 분야 어디에

지구에 있는 우주 기술

기후 변화 예보
장기 기상 예보
태양광 배터리 및 전기 충전소
위성 방범 및 위성 통신
항공기 제작 신물질
콤다 공중 및 담뇨 병 연구
액박 조정 장치
자동 인슐린 펌프
울트라 소닉 스캐너
비접촉 적외선 온도계
토모그래프
차량 이동 전화

차량용 건식 윤활유
초박형 단열 담요
보호복
구명 슬기
심장 모니터
교량 건축, 건물, 기차역, 성당 터빈 모델링
자외선 안경
충격 흡수 운동화
고용량 배터리
로봇 활체어
국제 전화망
무선 정보 시스템

정수 시스템
대용량 컴퓨터
평면 스크린 TV
국제 방송망
에너지 절약형 에어컨
원격 탐사(동원 구조, 자원 등)
기상 예보
재난 예측
울트라 소닉 스캐너
식품 기술
차량 사시 및 브레이크

지구에 있는 우주 기술의 이용

서나 사용할 수 있다는 것이 밝혀졌다. 이제는 이미 가상 치료사의 출현으로 이동하고 있다. 예를 들어 손목시계와 같은 생체 인식 센서를 통해 사람들의 건강을 모니터링하고, 필요한 경우 약을 처방하고, 적시에 복용을 모니터링하며 의사를 소개하거나 응급한 상황에서 구급차를 호출하는 컴퓨터가 개발되었다. 새로운 경량 소재, 단열재, 엔진, 소형 태양광 패널 및 드론 같은 것은 말할 필요도 없다. 지금 우리 눈앞에 있는 이 모든 것은 우주 기술에 의해 개발된 것이다.

미래의 우주개발을 통해 무엇을 기대할 수 있을까? 먼저 새로운 에너지 효율 시스템이 등장할 것이다. 이 시스템은 유인 및 무인 우주비행 모두에서 아주 유용하다. 초고용량 배터리 개발과 에너지 제너레이터 개선을 통해 해결되고 있다. 이러한 모든 발전이 지상의 전기자동차 및 항공전자운송시스템에 적용될 것임이 분명하다. 둘째, 마이크로 및 나노 위성 개발은 이제 매우 유행하게 되었다. 작고 값싼 위성들 여러 대를 세트로 하면 크고 값비싼 위성 한 대와 동일한 기능을 할 수 있으며, 세트의 개별 위성 하나가 고장 나도 대형 위성 일부 요소의 실패만큼 중요하지 않을 것이다. 또한 조그만 로봇들은 대형 로봇이 통과할 수 없는 곳에 쉽게 침투할 수 있기 때문에 작은 로봇들로 구성된 스웜 시스템은 의학에서 동굴학에 이르기까지 로봇 공학에서 매우 광범위하게 활용될 것이다. 셋째, 우주비행 덕분에 새로운 레이저, 합성물, 지능형 소프트웨어, 3차원 인쇄가 가능해졌다. 이 모든 것이 매우 빠르게 도입되고 있으며 우리는 이것들이 위성, 행성 간 우주선 또는 우주정거장을 위해 개발되었던 구성 요소로 이루어져 있다고 의심하지 않는다.

016 우주정거장의 경우 우주비행사의 비행 및 유지비는 얼마인가요?

국제우주정거장은 매우 비싼 프로젝트다. 러시아는 경제문제로 인해 많은 부분을 혼자서 부담할 수 없었다. 그러나 러시아는 우주정거장 개발에서 매우 중요한 역할을 했다. 재정에 대해서만 이야기하면 러시아는 1년에 평균 10억 달러를 지출한다. 이 모든 것은 소유즈 유인 우주선, 프로그레스 화물우주선 및 발사체 건설, 발사, 지상 비행 지원 서비스 운영, 우주비행사 훈련 및 재활, 보험, 새로운 우주정거장 모듈 제조에 사용된다. 우주 활동을 위한 "로스코스모스(Roskosmos)[*]"의 2018년 전체 예산은 1,280억 루블, 즉 현재 환율로 약 20억 달러인데 국제우주정거장 예산의 절반을 사용한다.

우주비행 비용과 우주정거장에서 우주비행사의 유지 보수에 대해 이야기하면 정확한 양을 계산하기가 다소 어렵다. 그러나 원칙적으로 소유즈 우주선 한 대가 약 3천 6백만 달러, 발사가 가능한 소유즈-FG 발사체 한 대가 최소 2천 2백만 달러라는 사실로 유추해보면 가능하다. 우주정거장이 정상적으로 작동하려면 1년에 소유즈 우주선 4척을 보내야한다. 즉, 2억 2천 2백만 달러를 지출해야 하는 것이다. 또한 승무원에게 보급품과 소모품을 제공하려면 3개의 프로그레스 화물 우주선을 추가로 발사해야 한다. 소유즈-2.1a 로켓과 함께 각각의 비용은 제조, 우주비행장으로의

---

[*] 1992년에 세워진 러시아 연방 우주국. 러시아의 우주 과학 사업과 항공 우주 연구를 관장하는 기관이다. 본부는 모스크바에 있으며 주 관제국은 스타시티에 있다. ― 역자 주

궤도상의 국제우주정거장(사진: NASA)

배송, 발사 및 도킹을 포함하여 4천만 달러다. 이것은 연간 1억 2천만 달러에 달한다. 따라서 4개의 "소유즈"와 3개의 "프로그레스"는 약 3억 5천 2백만 달러의 비용이 든다. 2017년 러시아 우주인 4명이 국제우주정거장 승무원으로 탑승을 했고, 2018년에는 3명이 갔다. 그러나 아쉽게도 9월에 소유즈 MS-10의 또 다른 한 명은 가지 못했다. 간단한 계산에 따르면 한 우주비행사의 비행 및 유지 관리 비용은 최소 8천 8백만 달러, 러시아 루블로 환산하면 연간 57억 2천만 루블이다.

물론, 러시아는 외국 우주인을 우주정거장에 데려다 주곤 한다. 하지만 안타깝게도 우주비행은 러시아의 경우 매년 더 비싸지고 있다.

CHAPTER 2

어떻게 해야 우주비행사가 될 수 있을까요?

우주비행사 선발에 대한 정보는 어디서 알 수 있을까요?

·

우주비행사에게 무엇을 가르치나요?

·

어떤 훈련이 가장 흥미롭고 어떤 훈련이 가장 어려웠나요?

017 우주비행사 선발에 대한 정보는 어디서 알 수 있을까요?

일반적으로 러시아연방우주국 웹 사이트(https://www.roscosmos.ru) 또는 다른 국가의 우주 기관에서 우주비행사 모집에 대해 알아볼 수 있다. 채용 시 요구하는 조건도 거기에 있다. 때로는 완전히 공개되어 있다. 요구 사항 목록을 충족하면 누구나 신청할 권리가 있다. 어떤 경우에는 로켓 및 우주 산업 분야의 경험이 필요하다. 즉, 수년 동안 우주비행사와 함께 일해 온 유능한 엔지니어 또는 의사를 모집하기도 한다.

특정 요구 사항 목록은 사전에 게시된 "우주비행사 후보 선출 경쟁에 관한 규정"에 공식화되어 있다. 선출 자체는 우주비행사 훈련센터(Cosmonaut Training Center, CPC)가 주도적으로 진행한다.

모집 빈도와 숫자는 우주기관의 업무에 따라 결정된다. 즉, 새로운 프로그램을 위해 매우 많은 우주비행사가 필요하지만 은퇴하거나 다른 프로젝트에서의 고용이 자연적으로 감소하기 때문에 기존 우주비행사만으로는 진행 중인 프로젝트를 종료할 수 없다. 따라서 일반적으로 선출의 타이밍과 일정은 다르고 비정형이다.

2003년 선발의 상징, 우주비행사
마크 세로프(Mark Serov)가 만들었다

긴 휴식 시간이 있을 때도 있다. 예를 들어 6년 동안 선출이 없었던 적이

2003년에 선발된 우주비행사들, 오른쪽에서 4번째가 세르게이 랴잔스키

있었다. 2003년에 종료된 채용과 다음 채용 사이에 3년이 지났다. 정기적 채용도 4년이 걸렸다. 가장 최근의 채용은 2017년에 발표되었고 2018년 8월에 종료되었다. 이제 또 하나를 발표할 계획이며 그 결과는 2020년 말에 알게 될 것이다.

019 어린 시절부터 우주인이 되고 싶었나요?

어렸을 때 생물학자가 되는 것이 꿈이었다. 그리고 우주비행사 팀에 들어갈 수 있다고도 전혀 생각하지 못했다. 1학년 때 건강상의 이유로 체육 수업도 듣지 못할 정도로 몸이 약한 아이였다. 그러나 우리 부모님은 단련, 운동, 개인적인 모범을 통해 나를 건강한 사람으로 키웠다. 그렇다 하더라도 여전히 생물학자가 되는 것이 나의 꿈이었다.

시간이 지남에 따라 생물학에 대한 관심도 바뀌었다. 처음에는 동물과 꽃을 좋아했다. 점차 좋아하는 분야가 생화학, 분자 생물학 및 바이러스학으로 이동했다. 보다시피 관심 대상은 점점 더 작아졌지만 이것은 현대 과학에서 최첨단 분야다. 생물학 수업을 듣고 모스크바 주립 대학의 생물학부에서 공부했다. 그 후에 우주생물학을 다루는 생물의학문제 연구소에서 일했다.

90년대 국내에서 과학의 입지가 좁았을 때, 과학을 하고 싶으면 서양으로 가거나 러시아에 살고 싶다면 과학을 비즈니스에 맡겨야 할지도 모르는 상태였다. 그러나 나는 운 좋게도 이 연구소를 찾았다. 비록 재정은 좋지 않았지만 가장 진보된 연구가 수행되는 놀라운 곳이었다. 다른 나라 연구소에서는 일할 기회가 없었기 때문에 실제로 과학자들은 많은 우주 실험을 재현할 수 없었다. 그리고 과학회의에서 한 젊은 과학자가 논문을 발표했는데 그 논문에는 독특한 연구 결과가 포함되어 있어 참석한 모든 사람이 관심을 가지는 것을 보고 깊은 감명을 받았다.

그러던 어느 날 연구소에서는 과학자들을 우주비행사 팀에 보내기로 결정했다. 그 당시 팀 리더의 임무는 과학에 관련된 의사를 모집하는 것이었고, 제안된 후보자 중 기본적인 의학 교육을 받지 못한 유일한 사람이었다. 나는 운 좋게도 동료들이 건강검진에 통과하지 못해서 훈련팀에 들어가게 되었다.

그 당시 우주비행 훈련팀에 과학자가 합류될 상황이 아니었다고 말할 수밖에 없다. 내가 동료들과 동일한 시험을 통과했다는 사실에도 불구하

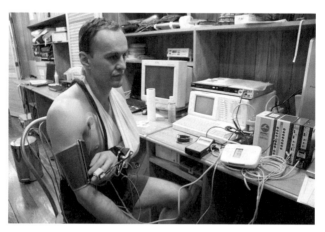

세르게이 랴잔스키는 Mars-500 프로젝트를 위한 105일 격리 중 두 번째 달에 심혈관 기능을 연구하는 방법을 시험하고 있다(사진: 올레그 발로쉰 / 러시아 생의학문제연구소)

고 국가시험 이후에 다른 자격을 부여 받았다. 장교와 엔지니어는 "시험 우주비행사"가 되고 나는 "연구 우주비행사"가 되었다. 공식 규칙에 따르면 연구 우주비행사는 우주선의 "수하물"에 불과해서 오른쪽 좌석에 위치한다. 2003년

105일 격리하는 <Mars-500> 프로젝트 실험에 참가한 승무원들. 맨 왼쪽이 지휘관 세르게이 랴잔스키이다 (사진: 올레그 발로쉰/러시아 생의학문제연구소)

에 승무원이 있는 콜롬비아 셔틀이 폭발한 후에 소유즈 우주선의 모든 과학자들의 자리는 몇 년 동안 미국에서 구입하여 사용했다. 리더가 나에게 전화 했고 이렇게 말했다. "세르게이, 사적인 감정 없이 얘기하는데 당신은 결코 우주로 가지 못할 것 같다. 다른 직업을 찾거나 다른 응용 프로그램을 찾아라. 기회가 없다." 중앙 좌석은 숙련된 사령관이고, 왼쪽은 비행기술자이고, 오른쪽은 우주선에서는 아무 일도 하지 않는 "수하물"이지만 특별한 작업을 수행하기 위해 우주정거장으로 가야만 한다. 나는 정말 우주비행사가 되고 싶었다!

과학자도 우주로 갈 수 있다는 것을 증명하고 싶었다. 변경할 수 없는 규정이 있기 때문에 우주로 갈 때까지 쉬지 않고 명성을 쌓아야 했다. 나는 논문을 끝마치고 다양한 테스트에 참여했다. 승무원 훈련관으로서 Mars-500 프로젝트에 따라 준비 실험에 참여했다. 실험 결과를 보고 로스코스모스의 지도자 중 한 명이 한 젊은이를 발견하고 여기에 승무원 훈

련관이 있는데 그는 언제 비행을 하는지 물었다. 젊은이들은 지도자에게 말했다. "그는 한 번도 비행에 참가한 적이 없어요, 장군님. 이해가 안 돼요. 그는 우주비행사가 아닌가요? 그는 언제 우리와 함께 비행하나요?" 장군은 이렇게 반응했다. "지금은 모르겠다. 알아보고 내일 얘기하겠다." 그는 회의를 소집하고 내 개인 파일을 조사했으며 예외적으로 왼쪽 좌석에 해당하는 모든 시험을 다시 볼 수 있도록 허용했다. 그리고 나는 연구용 우주비행사와 시험 우주비행사의 지위를 모두 받은 몇 안 되는 사람이 되었다. 나는 두 가지 종류의 우주비행 카테고리를 다 갖고 있다. 이제까지 나 같은 사람이 세 사람 있다. 옐친(Yeltsin) 대통령의 전 고문인 유리 미하일로비치 바뚜린(Yuri Mikhailovich Baturin), 내 우주선의 지휘관이 된 올레그 발레리에비치 까또프(Oleg Valerievich Kotov), 그리고 내가 세 번째다. 올레그는 기본적인 의학 교육을 받았다. 그는 처음에 레닌그라드에 있는 군사 의학 아카데미를 졸업한 후 까친 고등군사항공 학교(Kachin Higher Military Aviation School)에서 우주선 사령관의 지위를 획득했다. 그러나 나는 공학 교육 없이 역사상 최초의 비행 엔지니어가 되었다.

020 우주비행사가 되기 위해서는 무엇을 알아야 하나요?

우주비행사는 거의 모든 분야에서 보편적인 전문가가 되어야 한다. 따라서 여러 분야를 알아야 하고 천문학, 물리학, 의학, 프로그래밍 등의 다양한 기술을 배워야 한다. 그런데 우주정거장에는 100대 이상의 컴퓨터, 3개의 네트워크, 윈도우(Windows) 및 리눅스(Linux) 시스템이 있으며 와이파이(Wi-Fi) 포인트와 서버가 있다. 훈련하는 동안 우주비행사는 어떤 일이 생기면 그것들을 고치기 위해서가 아니라 어떤 문제가 발생했는지 지구에 적절하게 설명하기 위해서 70개 이상의 엔지니어링 시스템을 철저히 연구해야 한다. 따라서 가능한 한 많이 알고 있어야 하며 정보를 빠르게 인식하고 적응해서 재현해내야 한다.

021 어떠한 종류의 교육이 필요한가요?

최소한 고등교육을 받아야 한다. 고등교육의 종류는 어떠한 우주비행사가 필요한지에 따라 다르다. 어떤 경우에는 더 높은 기술 교육이 필요하고 다른 경우에는 단순한 기술 교육이 필요하다. 많은 우주비행사는 대학 학위가 하나가 아니라 2가지다. 추가 전문 분야가 우주비행사 선정에 고려된다.

공식적으로 요구되는 경우도 있다. 모집에 응시한 후보자 중 한 명은 독일어, 프랑스어, 스페인어가 유창하지만 영어를 거의 몰라서 고용되지 않았다. 그렇게 많은 언어를 할 줄 아는 사람은 영어는 쉽게 배울 수 있다고 생각하는 나로서는 충격이었다. 어쨌든 그는 선정되지 않았다.

선정되려면 무엇이 도움이 될까? 일반적으로 신청서와 함께 다소 많은 의료 문서 패키지가 첨부된다. 이때, 사비로 필요한 모든 검사를 받아야 한다. 또한 모든 기술에 대한 증거를 제공해야 한다. 낙하산 점프, 조종사의 면허를 갖고 있다고 하더라도 반드시 영어와 체육 시험은 치러야 한다.

한 번은 첫 비행을 준비하면서 젊은이들, 특히 젊은 여자들이 어떻게

조깅하는 우주비행사 세르게이 랴잔스키
(사진: 세르게이 랴잔스키의 아카이브)

뽑히는지 지켜본 적이 있다. 매우 운동성이 뛰어나고 강하고 겉보기에 좋은 체격인 한 소녀가 3m 타워에서 물고기처럼 뛰어 내려야 했다. 그런데 그녀는 이 탑을 3번 올라갔다가 그냥 내려왔다. 그러자 코치는 그녀에게 다가가 다음과 같이 말했다. "결심해라. 이것이 마지막 기회다." 동시에 수영장 구석 어딘가에 심리학자가 조용히 서서 모든 것을 바라보고 있었다. 결과적으로 그녀는 점프하지 않았고 물론 선정되지 않았다. 심리 테스트도 매우 중요하고 진지하게 고려된다.

022 비행기 조종이 필수 조건인가요?

아니다. 오늘날 이것은 필수 요구 사항으로 간주되지 않는다. 비행 훈련은 그 자체가 향후 우주비행사 훈련의 일부일 뿐이다. 선정된다고 바로 우주비행사가 되지 않는다. 선정된 사람들의 공식 위치는 "우주비행사 후보"다. 정식 우주비행사가 되려면 2년이 걸린다. 이 시간 동안 그는 비행 연습을 통과하고, 낙하산으로 점프하고, 물속에서 다이빙하고, 사막, 바다, 눈 등에서 생존하는 법을 배운다.

또한 이러한 모든 테스트는 스트레스 저항 평가와 함께 수행된다. 예를 들어, 스카이다이빙으로 테스트한다. 테스트 대상의 헬멧에는 마이크가 달린 딕터폰이 내장되어 있다. 고도계 옆에 한 장의 카드가 있는데 그 카드에는 과제가 적혀있다. 헬리콥터에서 뛰어내려 낙하산을 펼칠 때까지 당신은 과제를 해결하고 당신의 결정을 녹음해야 한다. 스트레스 수준은 올바른 결정과 목소리의 음색에 의해 측정된다. 또한 멀티태스킹에 대한 능력도 확인한다. 과제도 해결하고 고도계도 보면서 강사가 제공하는 신호도 묘사해야 한다. 즉 그 강사는 당신과 함께 점프하고, 당신 옆에서 같이 낙하하며 몇 가지 제스처를 보여주는데 그것들을 묘사해야 한다. 그런 다음 엄격하게 정해진 높이에서 낙하산을 열고 착륙 후 점프와 문제 해결의 정확성을 분석해야 한다.

비행과 낙하산 훈련은 우주비행사의 전문가로서의 성격 확인에 매우 중요하다. 왜냐하면 우주비행사 후보는 이 프로그램을 수행하는 동안 다른 방법으로는 재현할 수 없는 실제 스트레스 상황에 처해 있기 때문이

베르스크에서 낙하산 훈련을 받는 미래의 우주비행사 세르게이 랴잔스키

다. 편안한 안락의자에 앉아 위험한 상황에서 어떤 행동을 예측하는 것은 실제 우주비행을 준비할 때 의미가 없다.

023 우주비행사가 되려면 어떤 직업이 필요한가요?

우주비행사는 보편적인 전문가로 훈련받는다. 그는 과학실험이나 우주선 조종에서부터 궤도상에서 외과수술 또는 지구의 학생을 위한 우주에서의 온라인 강의에 이르기까지 모든 것을 할 수 있도록 훈련 받는다. 그러나 모든 것을 알고 모든 것을 배우는 것은 불가능하기 때문에 우리는 지상운영자와 이전에 비행한 우주비행사의 지시에 따른다.

미래에 우주비행이 계속 발전하면 새롭게 전문적인 분야가 생겨날 가능성이 크다. 예를 들어, "우주 택시 운전사"라는 직업이 생겨날 것이다. 그들은 우주선으로 지구 궤도에서 달이나 화성으로 갔다가 다시 돌아올 것이다. 왜냐하면 거기에는 과학자들이 순환 근무제로 작업하는 과학적 기지가 있기 때문이다. 또는 다른 가능성도 있다. 높은 궤도의 어딘가에 자동화된 공장이 완전한 무중력 상태에서만 성장할 수 있는 특수 결정 또는 단백질 생산을 위한 실험실이 위치하게 되고 여기에 소모품을 가져 오려면 "택시 운전사"가 필요하다. 그리고 언젠가는 완성된 제품을 가져오기 위해 다시 와야 할 것이다. 그리고 우주 기지와 공장을 유지하려면 엔

지니어가 필요하다. 사고가 발생하거나 기술적 오류가 발생하면 우주수리팀도 필요하다. 만약 달에 천문대가 세워지면 천문학자들은 달로 들어갈 것이다. 그리고 만약 우리가 외계인과의 접촉을 염두에 두면, 우주 생물학자, 우주 언어학자, 우주 외교관 등 매우 다양한 새로운 직업이 생길 것이다. 즉, 특정 외계 종의 특성을 고려한 동일한 직업이 있을 수 있다. 따라서 우주비행의 발전으로 모든 전문가가 우주에 들어갈 기회를 얻을 수 있으며, 가장 중요한 것은 자신의 분야에서 진정한 전문가가 되는 것이다.

024 우주비행사 선정 시 건강에 대한 제한사항이 있나요?

물론 있다. 건강상태는 매우 중요하다. 그래도 우주비행사가 되고 싶은 사람들은 각종 서류들을 챙겨서 일단은 우주비행사 팀에 갈 것이고, 이론적 기초를 배우고 비행을 위해 노력할 것이다. 그러나 안타깝게도 우리가 말했듯이 완벽하게 건강한 사람은 없다. 항상 자기가 얼마나 건강이 안 좋은지 모르는 사람이 있게 마련이다. 사람들은 자신이 실제로 얼마나 건강한지 잘 알지 못하는 경우가 매우 많다. 만약 아프지 않고 불편하지 않은데도 불구하고 보통 자신의 건강에 대해 더 알기 위해 의사에게 가지는 않는다. 따라서 심층 검사를 통해 갑자기 건강 문제를 발견하면 비행팀 합류에 중대한 영향을 미친다.

실제로 숨겨진 건강 문제가 그렇게 많이 드러나지는 않지만 생활 방식에 큰 영향을 미칠 수 있다. 신청자는 거부될 뿐만 아니라 미래에 익스

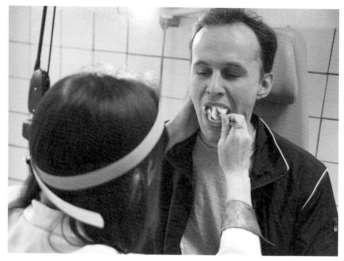

건강진단을 받고 있는 우주비행사 세르게이 랴잔스키
(사진: 올레그 발로쉰 / 러시아 생의학문제연구소)

트림 스포츠나 무거운 덤벨 운동은 포기해야 할 것이고, 특별한 다이어트를 해야 할지도 모른다. 어쨌든 그들은 심장 합병증이나 과체중으로 거부될 것이다. 신장과 담낭, 소화성 궤양에서 돌을 찾아라. 이 병은 소멸 단계에서 가장 극단적인 단계로 빠르게 전환하는 특징이 있기 때문에 항상 경계해야 한다.

시력에 관해서는 많은 문제가 해결되고 있다. 시력이 좋지 않은 사람이라도 정상적으로 일하고 할당된 모든 작업을 수행한다면 거절의 근거가 없다. 요약하면 현대 우주비행사는 "평균적인" 건강을 가지고 있지만 부상, 병리 및 만성 질환이 없는 사람이라고 말할 수 있다.

025 우주비행사를 선발할 때 연령 제한이 있나요?

매번 채용할 때마다 연령 제한이 요구 사항 목록에 표시된다. 예를 들어, 가장 최근에는 35세의 연령 제한이 있었다. 하지만 놀라운 점은 선정에 들어가면 연령이 무시된다는 것이다. 파블 블라디미로비치 비노그라도프(Pavel Vladimirovich Vinogradov)는 우주정거장에 탑승하여 60번째 생일을 축하했고 심지어 우주로 갔다. 나와 소유즈 MS-05를 타고 날았던 이탈리아 우주비행사 파올로 네스폴리(Paolo Nespoli)도 발사 3개월 전에 그의 환갑을 축하했다. 우주비행사는 모든 선택, 테스트, 시험을 통과 한 후, 궤도에서 실제 경험을 얻고 나면 가치 있는 전문가가 되기 때문에 오랫동안 필요로 하는 사람이 될 것이다.

최소 연령에는 제한이 없는 것 같지만 모두가 이해한다. 고등학생이나 대학생은 우주로 보내지지 않을 것이다. 고등 교육의 이수가 필요하기 때문이다. 신청서를 제출할 때 최적의 연령은 27~30세라고 믿어진다. 그 무렵에는 몸이 이미 완전히 형성되어 호르몬이 급증하거나 하지 않기 때문이다. 또한 이 연령대의 후보자는 전문 기술, 삶의 경험 및 일반적인 세속적 지혜 측면에서 대체로 뛰어난 나이다.

026 만약 첫 번째 거절된다 하더라도 다시 채용될 가능성이 있나요?

있다, 그런 경우가 있었다. 예를 들어, 미국인 크리스토퍼 퍼거슨(Christoper Ferguson)은 두 번째로 우주비행사 팀에 합류했다. 그런 후에 그는 우주로 세 번이나 더 날아갔고 마지막 비행에서 아틀란티스 셔틀의 사령관이 되기도 했다. 사실 그 비행은 유인 NASA 우주선의 마지막 비행이었다. 예비 선발 도중에도 문제가 생길 수 있다. 그렇다 하더라도 실수했던 경험을 반영해서 다시 훈련하고, 수정하고 그리고 진술을 다시 작성하는 가능성이 남아 있다. 가장 중요한 것은 우주비행을 위해 노력하고 실제로 우주로 가고 싶어 하는 열정이 있느냐는 것이다.

027 우주비행사에게 무엇을 가르치나요?

이상하게 들릴지 모르지만 우주비행사의 주된 일은 우주비행 자체가 아니라 연구라고 항상 말한다. 한편으로 이러한 모든 기술 및 기타 사항에 대한 연구는 엄청나게 흥미롭고 다른 한편으로는 매우 어렵다.

요컨대 우주비행사는 모든 것을 배워야 한다고 말할 수 있다. 유인 우주비행의 특징은 우주비행사가 보편적인 전문가여야 한다는 것이다. 우리는 아직 한 대의 우주선에 지휘관, 조종사, 엔지니어, 의사, 자물쇠 제조공, 배관공, 교사, 비디오 작가, 번역가, 생물학자, 물리학자 등을 모두 보낼 수는 없다. 또한 우주선에 있는 의사가 갑자기 아플 수 있는데 두 명의 의사를 보낼 수 없기 때문에 우주비행사는 의사가 되기도 해야 한다. 따라서 현대 우주비행사 교육에서는 그들을 보다 더 보편적인 전문가로 훈련시킨다. 누군가가 우주선을 조종하는 데 더 잘하고 누군가는 더 못할 수 있다. 누군가는 우주유영을 더 잘하고, 누군가는 더 못하기도 한다. 그러나 모든 우주비행사는 예외 없이 상호 대체 가능해야 한다.

이 방법은 선상에서 효과적인 활동을 수행하는 유일한 방법이다. 왜냐하면 작업이 병렬로 진행되어야 하는데 누군가가 자신의 프로그램을 수행할 수 없고 수리로 바쁘다면 프로그램 수행자는 교체되어야만 하는 일이 발생되기 때문이다.

팀별 훈련은 개별적이고 집단적으로 수행된다. 초보자를 위한 첫 번째 수업은 일반적으로 우주비행의 역사에 관한 것이다. 우주 업무에 대한 적절한 태도와 연속성에 대한 인식을 심어주기 위해 그가 어디에서 왔는지 확실히 알아야 한다. 보고 이해하는 것이 필요하다. 당신은 우주 업무 수행의 후계자이고 우주가 과거에 발전한 방향으로 우주를 움직이고 있다. 당신은 큰 사업의 참여자이자 큰 팀의 일원이다.

그런 다음 그룹 이론 수업이 시작된다. 예를 들어 비행에 대한 기본 지식이 제공된다. 우리 우주선은 어떻게 날아가는지, 왜 추락하지 않는지도 배운다. 비행역학을 이해하고 궤도가 만들어지는 법칙, 동일 평면이라는 것은 무엇인지, 우주정거장에 도킹하기 위해 우주선이 한 궤도에서 다른 궤도로 이동하는 방법, 지구로 돌아가는 방법, 추력을 내는데 필요한 방향은 어떤 방향인지 배우게 된다. 우주선의 기동이 주로 지상 전문가 또는 온보드 컴퓨터에 의해 제어된다는 것은 분명하다. 그러나 기본적인 지식이 없으면 이러한 비행 원리를 이해할 수 없다. 즉, 우주비행사는 자신이 어디로 가게될지 모르는 승객인 것이다. 복잡하지만 마스터해야 한다.

오랫동안 우주선과 우주비행사는 별이 빛나는 하늘을 보고 우주에서의 위치를 결정했다. 물론 오늘날에는 컴퓨터가 한다. 그는 특수 센서를 통해 하늘을 "보고" 사진을 캡처하여 그가 갖고 있는 지도와 비교한 다음 계산해서 그가 어디에 있는지 결론을 내린다. 모든 것이 컴퓨터로 이루어지는데 우주비행사가 우주 항법의 미묘함을 알아야 하는 이유는 무엇인가요? 화재가 나거나, 갑자기 천문현상이 시작되거나 또는 컴퓨터가 작동하지 않으면 우주비행사는 스스로 방향을 잡을 수 있어야 한다. 더구나 별이 빛나는 하늘을 연구하면 시야가 넓어진다.

외국어는 훈련센터에 외국어에 대한 수준이 다른 사람들이 우주비행사 팀에 합류하기 때문에 개별 작업과 그룹으로의 작업 분배가 즉시 시작된다. 누군가는 처음부터 외국어에 능통하기도 하다. 나는 과학자이고 영어에 능통했다. 조종사는 일반적으로 편대에 합류하기 전에 외국어를 알 필요가 없으므로 간단한 수업으로 시작한다. 승무원에 포함되려면 언어를 B2수준, 즉 "높은 평균" 수준으로 올려야 한다. 그래야 모든 경우에 미국 동료의 설명을 이해하고 대화를 수행하고 특수 문헌 및 지침을 읽을 수 있다. 그건 그렇고, 유럽과 일본의 우주비행사는 우리 조종사보다 더 힘든 시간을 보낸다. 그들은 영어뿐만 아니라 러시아어도 배워야하기 때문이다. 이것이 우주비행사 훈련센터의 규칙이다.

컴퓨터 네트워크는 일반적인 의미에서 정보 네트워크가 무엇인지, 와이파이 액세스 포인트가 무엇인지, 서버가 무엇인지 이해하는 것이 필요하다. 우주정거장은 컴퓨터 시스템을 포함하여 많은 시스템으로 구성된 거대한 엔지니어링 단지다. 우주정거상에는 3개의 컴퓨터 네트워크가 있다. 컴퓨터는 윈도우와 리눅스를 모두 실행하며 모든 우주비행사는 이를 파악할 수 있어야 한다. 무언가가 고장 나서 시스템을 직접 수리할 수 없는 경우, 최소한 무슨 일이 있었는지, 무엇을 보았는지, 어떤 예비 결론을

우주비행사는 컴퓨터 기술에 정통해야 한다

내렸는지 지구에 설명해야 한다. 그러면 지상 전문가가 변경 또는 수리해
야 할 것에 대한 권장 사항을 제공할 것이다. 또한 온보드 문서와 지침에
서 많은 것을 찾을 수 있다. 모든 것이 명확하게 나와 있지만 어디에서 찾
을 수 있는지는 알아야 한다.

　이제까지 얘기한 것은 준비과정에서 필요한 기본 지식들이었다. 모든
우주비행사가 완전히 마스터해야 한다. 그러나 어느 시점부터는 우주비
행사도 자기 분야에서 다양한 임무를 수행해야 하기 때문에 개인적인 형
태의 훈련이 우세하기 시작한다. 누군가는 외국 우주기구를 임시로 대신
할 수 있다. 누군가는 지상에 있는 임무제어센터(Mission Control Center,
MCC)에 일하러 갔다가 돌아오기도 한다. 이때 준비과정을 놓칠 수 있다.
당신은 당신의 그룹에 뒤처지거나, 반대로 그것보다 앞서있을 수 있다.
일부 수업은 개별적으로 진행되기 시작하고 일부는 일반적으로 다른 그
룹과 함께 진행된다.

때로는 이런 일도 있었다. 일부 엔지니어링 시스템에 대한 어려운 시험에 합격하고 모든 것이 잘되었기 때문에 긴장을 풀었다. 그런데 휴가를 떠난 동안에 개발자가 시스템을 변경하고 새 버전이 나타나서 이렇게 말했다. "미안, 당신은 전체 시험을 다시 봐야 한다." 그리고 업데이트 된 시스템의 기능에 익숙해질 시간이 없었던 "뒤떨어진" 사람들과 다시 만나게 되었다.

이제 교육 일정이 어떻게 이루어져 있는지 살펴보겠다. 일정은 우주비행사가 감당할 수 있는 수준으로 구성된다. 보통 대학에서처럼 한 시간 반씩 4개의 강좌가 진행된다. 8시에 아침 식사를 하고 (우주비행사는 훈련센터에서 아침을 먹는다) 9시에 강좌가 시작된다. 11시에 첫 번째 강좌가 종료되고 두 번째 강좌가 시작된다. 1시에서 2시까지 특별한 식당에서 점심을 먹는다.

체육 시간은 일주일에 세 번, 당신과 같이 일하는 개인 트레이너와 함께 한다. 표준 통과 시험에 대한 준비 및 특별한 교육이 없는 경우 일반적인 연습이 진행된다. 자유 시간을 보내는 방법은 모두가 스스로 결정한다. 어떤 사람은 가족이 있는 집에 가고, 어떤 사람은 오늘 배운 주제를 복습하거나 탐구하기도 한다. 생물학자이기 때문에 처음에는 공학 분야와 고등 수학을 공부하는 것이 매우 어려웠다. 물론 처음에 공학 교육을 받은 사람들은 공학 분야를 공부하는 것이 훨씬 쉽겠지만, 나는 휴식과 가족에게 할당된 시간을 그들을 따라 잡는 데 사용해야만 했다. 많은 양의 추가 문헌을 읽고 거의 매일 해질녘까지 있었다.

하지만 나를 매료시킨 과정도 있었다. 나는 "별이 빛나는 하늘(Starry

세르게이 랴잔스키는 강의할 때 습득한 지식을 사용한다

Sky)"훈련 과정을 정말 좋아했다. 나는 훈련원들에게 그 내용을 완벽하게 읽어주었고 그 순간 엔지니어 아나톨리 미하일로비치 치기리노프가 강의할 때 배워둔 지식을 사용했다. 불행히도 그는 최근에 죽었다. 그는 1960년대에 우주비행사 훈련센터(CPC)에 왔고 교육 과정 구축에 참여했으며 게오르기 티모페예비치 베레고보이(Georgy Timofeevich Beregovoy) 팀장의 조수였다. 훈련센터에 자체 천문관이 있을 때 치기리노프는 별이 빛나는 하늘 코스를 개발하기 시작했다. 1979년에 그의 방법에 따라 그것을 공부한 최초의 우주비행사는 빅토르 고르바츠코(Viktor Gorbatko)였다. 이 기술은 참으로 독특하며 니모닉 규칙*을 기반으로 한다. 예를 들어, 하늘의 세 별자리를 알고 북반구의 모든 별자리에 이름을 지정하는 방법은

---

* 기억술(記憶術, mnemonic)은 정보를 기억하기 위한 방법으로, 특히 숫자의 나열처럼 직관적인 관계가 없어 외우기 어려운 정보에 다른 정보를 연결하여 외우기 쉽도록 하는 데 쓰인다. 대표적인 예로 리듬을 가진 노래를 만들어 외우거나, 생일과 같이 이미 본인과 깊게 관련된 정보로부터 연상을 하는 것이 있다.

무엇일까? 치기리노프는 건장한 우주비행사들이 쓸모없을지도 모르는 엄청난 양의 정보를 어떻게든 쉽게 공부할 수 있도록 해야 했다. 그래서 그는 조디악[*], 북반구 및 남반구의 모든 별자리를 기억하는 데 도움이 되는 동화를 만들었다. 초등학생도 쉽게 습득할 수 있기 때문에 치기리노프가 편찬한 매뉴얼을 바탕으로 교육 만화를 만들고 싶다는 생각도 있다.

3개의 별자리 중에 하나인 북두칠성을 쉽게 찾을 수 있나요? 하늘에서 비스듬한 문자 W인 카시오페이아를 찾는 것도 쉽다. 그리고 세 개의 별 벨트를 따라가면 오리온 별자리도 쉽게 찾을 수 있다. 이 별자리들에 동화를 입혀보면 하늘에 거대한 그림을 덮을 수 있다. 예를 들어 별자리 오리온을 보자. 그는 누구일까? 사냥꾼이다. 그의 머리는 어디에 있고 다리는 어디에 있나요? 하나의 별은 벨트의 아래쪽과 오른쪽에 더 밝다. 다리를 의미하는 별은 리겔(Rigel)이라고 한다. 오리온은 어디에서 사냥하나요? 강 근처에서 사냥 한다. 그의 발은 고대 아테네에서 흐르는 강이었던 에리다누스(Eridanus) 제방에 위치하고 있다. 그는 누구를 사냥하고 있나요? 토끼의 별자리와 비둘기의 별자리에 있는 토끼와 비둘기를 사냥한다. 그는 누구와 사냥하고 있나요? 오리온의 왼쪽 아래에 있는 큰개자리가 있는데 거기에 있는 사냥개와 함께 한다. 이렇게 해서 당신은 오리온 벨트의 별 3개를 보았고 즉시 주변의 거의 모든 별자리를 알게 된다.

"별이 빛나는 하늘"코스와 관련된 재미있는 이야기가 있다. 첫 비행

---

[*] 황도12궁으로 태양이 공전할 때 보이는 별자리로서 동물의 이름으로 이루어져 있다.

— 역자 주

전에 크라스노다르[*] 영토에 있는 아를로녹(Orlyonok, 새끼독수리) 어린이 센터에 갔었다. 이는 우주가 고아원에서 온 십대들과 합일(合一)하는 과정이었다. 우주에 적극적으로 관심을 갖고 자기 계발을 위해 노력하는 아이들과 평범한 학교 지식을 가지고 가족 밖에서 자라는 아이들과는 차이가 분명하다. 차이점은 정신력뿐만 아니라 삶에 대한 태도, 서로 의사소통에서도 나타난다. 고아들은 무단이탈도 감행한다. 그들은 울타리를 넘어 맥주와 담배를 사러 간다. 나는 저녁에 바다를 따라 걷고 있었는데 한 손에 맥

---

[*] 러시아 연방 남부의 도시. — 역자 주

주, 입에는 담배를 물고 소녀를 껴안으면서 가벼운 대화를 하는 고아가 있었다. 다음날 내가 고아원생들에게 강의를 했는데 나는 어제 만난 소년들에게 이렇게 얘기했다. "어제 어떤 여자와 있는 너를 봤는데 맥주와 담배를 제외하고는 그녀와 더 이상 이야기 할 것이 없는 것 같았다. 그러나 너는 그녀에게 '달링, 별을 봐!'하면서 별자리에 대해 얘기해줄 수 있었겠지." 나는 센터의 카운슬러에게 와트만(whatman)* 시트를 요청하고 치기리노프가 가르친 것처럼 기억나는 대로 별이 빛나는 하늘을 그리기 시작했다. 며칠 후 다시 바다를 따라 걸었는데 고아들이 서서 얘기하는 것을 들었다. "저기에 백조자리가 있네. 바보도 이해할 수 있을 것 같아."

방법은 있다! 이것이 중요하다. 모스크바의 노광이 없으면 여전히 아름다운 밤하늘이 보일 것이다. 많이 잊어버렸지만 지금은 친구들과 휴가를 가서 친구들에게 백조가 어디에 있는지 보여주기 위해 다시 내 기억을 떠올릴 것이다.

028 우주에서는 어떠한 별들이 보이나요?

지상과 같다. 지상에서 보이는 별들과 다르게 보일 만큼 궤도가 그렇게 높지 않다. 그러나 별이 더 밝게 보인다.

---

* 수채화 용지로 스케치북에 사용되는 종이. ― 역자 주

029 원심분리기, 압력실 및 격리실에서 어떤 교육을 하나요?

학생들에게 원심분리기에 대해 이야기할 때 나는 보통 이렇게 말한다. "납작한 소시지"라는 표현을 들어보았나? 이것이 원심분리기가 작동하는 방식이다. 진지하게 말하면, 놀이공원의 경우 보통 3.5에서 4g* 까지 동일한 과부하를 제공하는데 이는 원심분리기 테스트와 비슷하다. 이것은 실제로 정상적인 제어 비행 중에 발생하는 과부하다. 우주비행사는 더 심한 경우에 대비하여 특정 "마진"을 감안하여 훈련된다. 예를 들어, 통제되지 않은 하강인 경우 대기로 인해 약 8g의 과부하가 발생하므로 매년 건강 진단의 일환으로 이 모드에서 원심 분리기 테스트를 받는다.

우주선 제어 절차를 가진 장비에서 원심분리 훈련은 당신이 만약 승무원으로 배정되면 시작된다. 발사체 첫 번째 단계에서 또는 대기 하강 시 회전에서 발생되기 때문이다. 그런 다음 수동 제어로 훈련한다. 즉, 얼마나 방향을 트는지에 따라 과부하가 달라진다. 물론 안전에 대한 상한선이 있지만 만약 당신이 실수하면 테스트가 심각해질 수 있다. 실제 비행에서는 비행사의 행동에 따라 제어오류가 발생하는데 우주비행사가 될 사람은 자신의 행동과 제어오류의 직접적인 연결성을 느낄 수 있어야 한다. 훈련 자체는 1분 30초에서 2분까지 지속된다. 동시에 그들은 온몸에 센서를 부착하여 시력, 기분 또는 건강도 확인한다. 일반적으로 원심분리기는 좋은 도구이며 그것에 대한 훈련은 그렇게 어렵지 않다. 평범한 사

---

* 중력가속도의 단위로 1g이 현재 우리가 지구 표면에서 받고 있는 중력이다. ─ 역자 주

우주비행사 훈련센터의 원심력 발생기
(사진: 안드레이 쉘핀/우주비행사 훈련센터)

람이라면 충분히 견딜 수 있다.

압력실에서는 훈련이 아니라 검사를 진행한다. 그곳에서의 검사는 신체의 기압 기능 검사인 건강 진단의 일부다. 당신은 5천 미터 상공에 던져진 것과 같은 압력 속에 있게 된다. 압력실에 잠시 앉아 있다가 자유 낙하하듯이 풀려나고 공기가 분출되기 시작한다. 1만 미터에서도 동일하지만 산소마스크를 사용한다. 중이와 내이, 외이 사이의 압력을 어떻게 균등화할 수 있는지 테스트 된다. 비행 중에 감압이 발생할 때 압력실에서 경험을 쌓으면 압력이 떨어지고 있음을 즉시 느낄 수 있다. 우주복에서 압력이 동일해질 때도 똑같이 모든 것을 귀로 느낀다.

의학적 검사로 간주되는 특정 훈련이 있지만 도전적이다. 예를 들어, 격리실에서 그들은 당신을 창문이 없는 작은 방에 넣는다. 처음에는 그곳에서 잠을 자다가 3일 낮과 2일 밤은 자지 않는다. 동시에 시험지를 풀고 에세이를 쓰고 질문에 답하는 등 끊임없이 무언가를 해야 한다. 외부와 통신을 주고받지 않고 알람을 통해 명령이 제공 된다. 원격 조정되는 조명이 켜지고 꺼지는 조합과 코드 테이블을 보고 해당 작업을 완료해야 한다.

뇌파(encephalogram)를 기록하는 헬멧을 쓰고 많은 작업을 수행해야 한다. 전문가는 심각하게 피로한 상황에서 뇌의 상태를 확인한다. 그리고 잠이 들면 비디오카메라를 통해 당신을 지켜보고 있는 의사가 즉시 사이렌을 켜고 깨운다. 솔직히 나는 거기에 갔을 때 3일 동안 잠을 자지 않으면 그곳에서 죽을지도 모른다고 생각했다. 그리고 격리실이 최악인 것은 작업을 하는 동안이 아니라 휴식의 순간이다. 만약 의사소통 할 사람이 없다거나, 자신이 집중할 것이 없는 경우를 견디는 것이 매우 힘들다. 물론 모든 사람은 이 문제를 해결하기 위한 자기만의 방법이 있다. 예를 들어, 나는 책을 가져갔지만 거의 즉시 잠들었다. 기타를 가져간 적도 있지만 기타를 끌어안고 잠들기도 했다. 3천 개짜리 퍼즐 조립은 많은 도움이 되었다. 왜냐하면 이 놀이는 조각을 고르는 데 오랜 시간이 걸리고, 동시에 당신이 오랜 시간을 들여서 무언가를 선택하고 나면 오랫동안 찾고 있던 조각을 갑자기 보게 되기 때문이다. 3일 후에 내가 밖에 나가자 의사들이 말했다. "잘하셨습니다. 정말 잘했어요." 그런데 그 얘기를 듣자마자 4일도 버틸 수 있다는 것을 깨달았다.

우리는 자신을 믿지 않지만 몸은 항상 대비를 하고 있다. 내 경우에는 특별한 리듬에 이르렀고, 눈에 띄지 않게 안정을 취하고 시작하는 법을 배웠다. 격리실에서 "수감"되었던 일은 시간이 지나서 나에게 큰 영향을 미쳤다. 나는 나 자신이 생각하는 것보다 훨씬 더 많은 일을 할 수 있다는 것을 깨달았다. 자신을 믿어라. 목표가 있다면 그 목표로 가면 된다.

030 우주비행사는 어떤 신체 훈련이 필요한가요?

우주비행사와 스포츠는 분리할 수 없다. 스포츠는 우주비행사의 삶의 방식이라고 말할 수 있다. 우리는 지구와 우주에서 끊임없이 운동한다. 우주 정거장에서 운동은 특히 중요하다. 예외 없이 매일 2시간을 할애한다. 건강을 유지하지 않으면 무중력으로 인한 근육 위축이 빠르게 시작되므로 지상 훈련을 통해 미래의 우주비행사가 스포츠 활동을 양치질과 같은 일상적인 것으로 인식하도록 가르쳐준다.

그러나 전문가들은 항상 한 가지 운동만 권장하지 않는다. 우주비행사가 조화롭게 체력을 갖추려면 여러 가지 운동을 할 수 있게 해야 한다. 따라서 우리는 달리기, 수영, 스키, 자전거 타기, 배드민턴, 테니스 등을 한다. 때때로 축구와 배구 팀을 구성하기도 한다. 우리에게 올림픽에서

매일 조깅을 하는 세르게이 랴잔스키(사진: 세르게이 랴잔스키의 아카이브)

메달 획득 같은 것을 요구하지는 않지만 팀에는 마스터 또는 스포츠 마스터와 같은 전문가를 포함시킨다.

또 무엇이 중요할까? 일반적으로 우주비행사는 혼자서 생활하는 "분리생활"이 원칙이기 때문에 그런 것이 가능한 사람을 모집하고 모든 일은 자기가 책임진다. 예를 들어 술을 마시고, 담배를 피우고, 규정이나 일상을 깨고 하고 싶은 대로 할 수 있다. 그러나 동시에 건강 검진을 통과하고, 모든 요구 사항을 충족하고, 시험을 통과하면 문제 없다. 그런데 어딘가에서 건강이 악화되는 현상이 시작되면 약을 먹는다든가, 운동을 한다든가 하지 말고 살을 찌워라. 그러면 관리자에게 사실이 보고되고 의사와

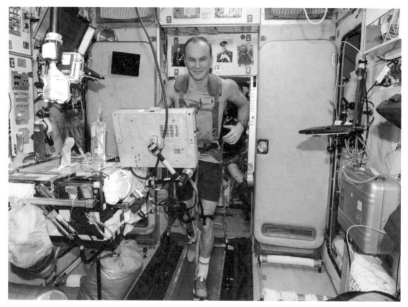

ISS에 있는 런닝머신에서 운동하는 세르게이 랴잔스키

훈련사는 머리끝부터 발끝까지 조사할 것이다.

　나는 부모님께 감사하고 있다. 왜냐하면 체격도 좋고 건강도 좋아서 큰 문제가 없었기 때문이다. 내 코치였던 사샤 노비코프(Sasha Novikov)가 "세르게이, 오늘 뭐해요?"라고 물을 때 조깅을 하고 싶다고 얘기하면 그는 자전거를 타고 내 옆에서 속도를 모니터링 한다. 어떨 때는 "오늘 수영할래요?"라고 얘기하면 "사샤, 지금 뛰고 있는데 이 다음에 수영할게요." 그러면 그는 "최소한 1km는 뛰어야 해요."라고 한다. "좋아요, 적어도 1km는 뛸게요." 이렇게 우리들은 항상 대화하면서 운동했다. 그는 내가 과체중이 아닌 것을 알고 있고 어느 정도 자신을 돌보고 있다는 것을 이해하기 때문에 내 운동을 통제하지 않았던 것 같다.

스스로를 망가뜨리면 안 된다. 당신은 어떤 경우에도 망가뜨릴 수 없도록 자신을 통제할 필요가 있다. 자신과 소통할 수 있는 가장 좋은 방법을 찾아라. 그러면 모든 것이 잘 될 것이다.

031 극단적인 상황에 대한 시뮬레이션은 어떻게 진행되나요?

심리학자들이 말했듯이 모든 사람은 무언가를 두려워한다. 두려워해도 괜찮다. 사람이 아무것도 두려워하지 않는다면 그는 아마도 아픈 사람일 가능성이 높으므로 정신과 의사와 상담이 필요하다. 그러나 우주비행사는 두려움을 극복해야 한다.

스카이다이빙을 할 때는 절대적으로 긴장을 풀어야 한다. 불어오는 바람에 노출되면 팔다리가 모두 긴장되어 프로펠러 블레이드로 변한다. 블레이드는 당신을 회전시키고, 자유 낙하가 시작되고, 낙하산이 어떻게든 펴지게 되도 그것에 얽힐 수 있다. 특히 첫 번째 점프를 하는 동시에 무섭겠지만 긴장을 풀어야 한다. 이것이 어떻게 가능할까?

앞서 나는 점프 중에 우리가 손에 고정된 특수 카드를 사용하여 작업을 해결한다고 말했다. 즉, 당신은 헬리콥터에서 자유 낙하로 빠져 나와 자신 아래를 보지 말고 근처에 떨어지는 카드와 강사를 봐야 한다. 작업은 매우 간단하지만 주의가 필요하다. 예를 들어, 검은색과 빨간색 숫자가 무작위로 혼합된 체스판이 그려진다. 검은 색은 오름차순으로, 빨간색은 내림차순으로 읽어야 한다. 검정-1, 빨강-28, 검정-2, 빨강-27, 검

우주비행사의 그룹 낙하산 점프
(사진: 세르게이 랴잔스키의 아카이브)

정-3, 빨강-26…. 또는 다이얼이 그려져 있다. 그들은 다른 시간을 보여 준다. 다이얼에는 총 몇 개가 있나요? 어느 것이 더 길고 어느 것이 더 적 나요? 착륙 후, 약속에 따라 심리학자들은 카드의 작업을 얼마나 올바르 게 해결했는지 그리고 모든 준비에 대해 얼마나 많은 복잡한 단어를 사용 했는지 결정한다. 목소리의 음색은 스트레스 수준 등을 나타낸다. 물론 전문가를 통해 유사한 작업을 미리 해결하는 연습을 했었다. 그 당시 나 는 그것들을 반복해서 풀었는데 내 기록이 24초이고 자유 낙하 시간이 20초라는 것을 깨달았다. 나는 어떻게 해도 성공하지 못한다는 것이 밝혀 졌다. 물론 아직까지 낙하하는 어떤 사람도 땅을 놓친 사람은 없다는 말을 들었을 때 다소 위안이 된 것은 사실이다. 사람들이 나중에 점프 후 내 결과를 보고 매우 놀랐다고 한다. 왜냐하면 평균 시간이 12초였기 때문이다. 두려움에 대한 과학적 사실이 입증되었다. 스트레스가 많은 상황에서 내 뇌는 정확히 두 배 더 빠르게 작동한다. 두려움은 유용한 것으로 밝혀졌다. 그것은 신체를 자극하고, 내부 예비력을 켜고, 문제에 더 빠르고 효율적으로 대처하는 데 도움이 된다.

또한 우리는 이 상태를 제어하도록 배운다. 항상 무슨 일이 일어나고 있는지에 대해 말하도록 한다. 지금 결정하고 있는 것, 주위에 보이는 것, 강사가 어떻게 몸짓하고 있는지, 높이, 낙하산이 어떻게 열리는지, 계획된 착륙 지점에서 얼마나 멀리 떨어져 있는지 등이다. 자유비행의 스카이다이버가 모양을 이루는 그룹 점프도 마찬가지다. 나는 여섯 번째로 나가고, 플랫폼으로, 내 자리는 오른쪽에, 나는 아래로 가고, 속도는 정상이며, 왼쪽에 누군가가 보이고, 오른쪽에 누군가가 올라오고, 숨을 내쉬고, 부드럽게 들어 올렸다는 것들을 당신은 여전히 설명해야 한다. 그리고 어느 순간 익숙해지면 자신의 움직임을 위해 스트레스를 사용하는 것이 하나의 일상이 된다.

생존 훈련은 매우 도움이 된다. 실제로 그 과정에서 스트레스를 이기는 방법을 습득할 뿐만 아니라 당신이 선택하지 않고 배정된 팀에서 인간관계를 구축하는 기술도 형성 된다. 낯선 사람과 작업을 분배하는 방법은 무엇인가요? 누구에게 의지할 수 있는지 어떻게 아나요? 갈등을 예방하는 방법은 무엇인가요? 이러한 훈련은 승무원을 매우 단합하게 만들고 기존 승무원들에게 상호 작용을 구축하도록 가르친다. 상황은 항상 달라

지곤 한다. 팀을 위해 적극적으로 일하는 사람들이 있다. "우리는 장작이 거의 없으니 내가 가져올게." 만약 자기 스스로 결정을 내리고 싶지 않은 사람이라면 그는 여러분에게 다가와서 "사령관님, 어떻게 해야 하나요?" 라고 물을 것이다. 불 옆에 조용히 앉아 몸을 따뜻하게 하는 사람들이 있다면, 그런 사람은 당신이 발로 차기 전까지는 아무것도 하지 않을 것이다. 그러나 우주비행사는 성인이라 성격을 바꿀 수 없으므로 사람의 행동 방식을 관찰하고 분석해야만 실제 우주비행에서 그와의 관계를 구축하는 방법을 이해할 수 있다. 자신이 일을 확실하게 잘 할 수 있는데도 막상 잘 잊어버리는 사람, 토론과 함께 단계별 지침을 받아야 하는 사람, 버튼 누름을 제어해야 하는 사람 등 다양하다. 사실 생존 훈련을 통해 승무원

겨울 생존 훈련 중 세르게이 랴잔스키(사진: 안드레이 쉘핀/우주훈련센터)

에 대한 내 관리 스타일을 결정한다.

　나는 종종 이 예를 인용하곤 한다. 모스크바 지역의 겨울 생존을 위해 우리는 가문비 나뭇가지로 3개의 침대를 만들었다. 하나는 부드럽고 좋은 것으로 만들고 두 번째는 정상이지만 매듭이 튀어 나오는 것으로 만든다. 세 번째는 끔찍하게도 눈덩이와 얼음으로 침대를 만든다. 동료들은 어떤 것을 선택할까요? 대신 결정해 줄 필요는 없다. 주의 깊게 살펴보기만 해라. 동료들은 첫 번째 우선순위로 자신을 생각할까요? 아니면 팀에 대해 생각할까요? 그를 바꾸지는 못하지만 나중에 그와의 인간관계를 구축하는 데 그의 선택은 도움이 될 것이다. 당신이 그의 우선순위를 이해하고 있다면 그가 자신에 대해 다시 생각할 때 당신으로 인해 최소한 기분이 상하지는 않을 것이다. 그는 그런 사람이다.

　낙하산 점프와 생존 훈련 외에도 물로 채워진 무중력 수영장은 익스트림 상태가 될 수 있다. 우주비행사 훈련센터(Cosmonaut Training Center)에는 무중력을 시뮬레이션 하는 2가지 방법이 있다. 첫 번째 방법은 컴퓨터 제어 평형 시스템이다. 우주복을 가져와서 케이블에 매달고 당신에게 시뮬레이터가 연결된 우주복을 입힌 다음 다양한 조작을 수행한다. 두 번째 방법은 4층 수영장이다. 바닥에는 실물 크기의 우주정거장 모형이 있다. 먼저 입구에서 우주유영을 준비하는 절차를 수행한 다음에 수영을 시작하고 우주정거장의 선체에서 무언가를 수행하고 무거운 것을 끌고 장비를 배치한다. 수영장에서 실제 무중력을 느끼는 것은 그리 쉽지 않지만 훈련은 무중력에 대한 느낌을 제공한다. 어디에 무엇이 놓여있는지, 일정한 거리를 움직이는 데 얼마나 시간이 걸리는지, 원하는 구역에 도달하기

우주비행사 훈련센터의 수영장 실험실(사진: 안드레이 쉘핀/우주비행사 훈련센터)

위해서는 어떠한 행동이 수행되어야 하는지, 당신의 파트너가 어디로 향하는지, 시야에 있는지 아닌지 등의 훈련을 통해 무중력을 느낄 수 있다.

　수영장에서의 첫 번째 단계에서는 표준 우주유영 절차를 연습한다. 해치를 열고, 물건을 빼고 그리고 해치를 닫는 소위 일반적인 작업이 실행된다. 그런 다음 파트너가 의식을 잃었다고 가정한다(시뮬레이션 상황에서는 작동하지 않는 운영자의 상태, NRO라고 명명). 당신은 파트너에 올라타서 파트너를 당신의 몸에 묶고 빨리 해치로 끌고 기시 해치를 닫는다. 이런 방법으로 구출 하게 된다. 훈련의 두 번째 단계는 특수 우주유영을 준비하는 과정으로 시작된다. 전문가가 이렇게 제안한다. "우리는 이렇게 출구 계획을 만들었어요. 먼저 왼쪽으로 가서 이 작업을 한 다음 오른쪽으로 가서 이 작업해요." 그러나 훈련 결과에 따라 비효율적으로 판단되면 "먼저 오른쪽으로 이동 한 다음 왼쪽으로 이동하고 첫 번째 작업자가 이 작업을 수행하지 않고 두 번째 작업자가 이 작업을 수행하도록 하죠."라고 수정한다. 다가오는 우주유영에 대해서 스스로 조정해보면 매우 유용하다.

사실, 실제 우주 공간과는 차이점이 무엇인지 즉시 알 수 있다. 수영장에서 당신이 움직일 때 물은 당신을 느리게 한다. 그러나 우주 공간에서는 당신이 일단 한번 움직이면 아무것도 당신을 늦추지 않고 목적지에 도달하거나 무언가를 잡을 때까지 계속 이동하게 된다. 처음에 우주로 갔을 때는 어색하기도 했다. 그러나 우리는 정말 잘 준비했기 때문에 두려움이 없었다.

또한 우리는 일반적으로 우주정거장에서의 화재, 감압, 우주정거장 대기 오염 등의 비상 상황을 위해 훈련한다. 모든 경우에 먼저 센서가 작동되고 환기가 꺼진 다음 각 승무원이 할당된 역할을 시작한다. 한 사람은 비상 모듈의 전원을 차단하고, 두 번째는 소화기 및 방독면을 수집하고, 세 번째는 사고 원인을 처리하고 지상임무제어센터에 다음과 같이 보고한다. "문제가 있었다. 우리는 이것을 보고 이렇게 반응했다. 대기 상태는 이렇다. 그리고 이런 식으로 사고가 확인되었다." 보고 후 다음지침을 기다린다. 우리는 모든 비정상 상황에 대한 시험을 통과하고 정상이 될 때까지 훈련한다. 모든 비상 상황을 예상하는 것은 불가능하지만 우주정거장을 구조하기 위한 일반적인 작업 순서를 연습해야 한다.

정상 비행 중에는 자동으로 수행되나 비정상적인 상황에는 수동 도킹도 이 훈련에 포함된다. 뭔가 잘못되면 우주비행사가 항상 통제권을 잡게

비상 마스크를 착용하는 우주비행사

된다. 역사상 가장 독특하고 전문적인 수동 도킹은 블라디미르 알렉산드
로비치 쟈니베코프(Vladimir Alexandrovich Dzhanibekov)의 지시에 따라 소유
즈 T-13을 살류트-7 스테이션과 도킹하는 것이었다. 곡예비행과도 같았
다! 지금도 우주비행사는 그가 했던 절차를 표준으로 훈련한다. 물론 지
금은 전 세계를 포함하여 그가 가졌던 것보다 훨씬 더 가혹한 조건을 시
뮬레이션 할 수 있는 컴퓨터가 있다. 낮과 밤의 도킹 절차는 서로 매우 다
르다. 빛이 있는 곳에서 도킹하다가 갑자기 그림자가 시작되면 즉시 새
모드로 전환해야 한다. 그때 당신은 무언가를 보지 못할 수도 있고, 거리
를 계산하는 것이 어려울 수 있다. 이외에도 미묘한 차이가 많지만 모든
것이 지구에서 훈련하면서 해결되고 있다. 우주정거장에 유인 우주선을

도킹할 때 당신은 우주선에 앉아 우주정거장으로 날아간다. 화물을 실은 우주선(화물선)을 우주정거장에 도킹하는 것은 그 반대로 당신이 우주정거장에 앉아있고 우주선이 당신을 향해 날아온다. 매우 흥미롭고 역동적인 작업이다. 실제로 수동 도킹을 할 기회가 없었던 것이 유감이다. 그러나 나는 사령관 올레그 까토프(Oleg Kotov)가 화물선을 우주정거장에 도킹하는 첫 비행을 지켜보았다.

자동 도킹 시스템이 무너지고 내 기술을 시험할 기회를 갖는 꿈을 꾸는 것은 아마도 이기적일 것이다. 당신이 그렇게 잘 준비를 마쳤는데도 쓸모없게 되었다는 것은 여전히 안타까운 사실이다. 그러나 나는 운이 좋았다. 우주 공간에 한 번도 가지 않은 우주비행사도 있는데, 나는 4번의 우주유영 경험도 있다.

괜찮은 전문가 수준으로 자신을 준비해 놓는 것은 매우 중요하다. 당신이 무언가를 잘하는 것은 매우 중요하다. 그리고 그것은 당신 자신뿐만 아니라 당신을 준비시킨 사람들에게도 중요하다.

032 어떤 훈련이 가장 흥미롭고 어떤 훈련이 가장 어려웠나요?

고르기가 어렵다. 모든 것이 흥미롭다. 평범한 사람들은 일터에서 매일 같은 일을 한다. 활동 유형을 변경하고 싶지만 오랫동안 계약, 책임, 작업 일정, 대출금 지급을 해야 하기 때문에 그렇게 할 수 없다. 이런 의미에서 보면 우주비행사는 불평할 것이 없다. 항상 새로운 것이 있다. 당신은 하루는 컴퓨터를 다루게 되고, 둘째 날에 의료 교육을 받는다. 그런 다음 낙하산 점프, 다이빙을 한다. 게다가 당신을 위한 운동, 영어, 별이 빛나는 하늘 훈련을 하면 수업이 마무리 된다. 따라서 일의 단조로움으로 인한 정서적 소진이 없다. 솔직히 수업이 없으면 지루해지기 시작한다. 왜냐하면 스타시티에서 공부하는 것이 역동적이라 기운을 올려주기 때문이다.

아마도 가장 힘든 훈련은 사막에서의 훈련일 것이다. 두 명의 우주비행사와 한 명의 강사가 참여하였고 강사를 선장으로 했다. 선장은 상징적인 군대 명칭일 뿐이다. 당연히 그는 그것을 매우 대담하게 강조하면서, 심한 숙취인 상태로 온도가 50℃인 더위의 사막 생존에 들어갔다. 그러나 우리는 제한된 양의 물을 가지고 있었으며 동시에 많은 작업을 해야 했다. 그래서 당시에 실제로 사람이 죽을 수도 있겠다고 생각했었다. 몸

은 중독되고, 지쳐서 많은 수분이 필요했다. 그러나 내 파트너는 이렇게 얘기했다. "유감이지만 계획적으로 물을 소비하기로 되어있고 이를 준수해야 한다." 그러나 나는 이것에 동의하지 않고 내 물을 동료에게 주기 시작했다. 파트너도 또한 물을 주기 시작했다. 그리고 솔직히 첫날, 강사 상태가 매우 안 좋았기 때문에 우리 둘은 실제로 물 없이 앉아있었다. 그러나 다음날 그는 우리를 위해 거의 모든 일을 했다. 그는 죄책감을 느끼고 미친 듯이 땅을 파내려갔다. 결국 우리는 충분한 물을 가지고 훈련을 마쳤고, 게다가 다양한 사막 식물에서 약 1L의 물을 더 모을 수 있었다. 끝내 우리는 해냈다.

033 선발 후 첫 번째 비행까지 얼마나 걸리나요?

사람마다 다르다. 우리가 기억하는 것처럼 유리 가가린은 1년 조금 넘게 기다렸다. 물론 지금은 더 오래 걸린다. 그러나 예외도 있다. 세르게이 크리칼레프(Sergei Krikalev)는 운 좋게도 후보 우주비행사의 지위에서 불과 2년밖에 안 기다렸다. 건강상의 이유로 은퇴한 알렉산더 깔레리(Alexander Kaleri) 대신 승무원에 배치되었기 때문이다. 요새는 선발일로부터 최소 대기 시간이 6년이다. 일반 우주 교육은 2년, 그룹 교육 및 승무원 배정에 2년 추가, 비행 직접 교육 2년이 추가된다.

첫 비행을 기다리는 것은 매우 어렵다. 그러나 한번 우주선을 타고 아무 문제없이 비행하면 승무원으로서의 업무에 다시 할당되기도 한다. 왜냐하면 훈련센터는 당신을 연구했고, 알고 있으며 예측 가능하므로 향후

비행에 적합한 업무를 찾는 것이 쉽기 때문이다. 경험이 없는 젊은 후보자들은 자신이 나쁘지 않고 첫 비행에 적합하다는 것을 상사에게 끊임없이 증명해야 한다. 만약 한 사람이 승무원에 투입된 후 어떤 이유로 그가 탈락되는 경우가 발생되면, 관리 계획이 변경되고 비행 계획이 변경되는 일이 발생한다. 내 경우에도 그랬다. 공식적으로 승무원에 투입되었지만 공식적으로 승무원에서 탈락하기도 했다. 어쨌든 나는 2003년에 훈련장에 들어가서 2013년에 첫 비행을 했다. 10년! 10년 동안 나는 전문적 적합성을 증명하며 살았다. 이것은 가장 마지막이자 아마도 가장 어려운 테스트였을 것이다.

034 승무원이 되기 위한 요구 사항은 무엇인가요?

상황에 따라 다르다. 소유즈 우주선에는 3개의 좌석이 있으며, 하나는 외국 동료가 차지하고 있다. 사령관과 비행엔지니어가 남아있다. 우주비행사 훈련센터의 관리자는 얼마나 많은 지원자가 있는지 확인한다. 당신은 훌륭한 사람이자 독특한 전문가가 될 수 있지만, 먼저 선정된 동료나 나이가 더 많은 사람이 우선 선정될 수 있다.

그러나 모든 필기시험을 통과하고 모든 시험과 훈련을 거치고 줄을 서서 기다렸다 하더라도 여러 가지 이유로 승무원에 합격하지 못할 수 있다. 그 이유는 장기간 치료가 필요한 부상 또는 질병일 수 있다. 그렇게 되면 지금까지 준비하고 있던 임무를 취소하고 새로운 기술을 연마해야 한다. 나의 경우를 예로 들어보면 미국이 우주 왕복선 "콜롬비아"의 재앙으로 인해 우주비행사, 과학자들을 위해 우주선의 좌석을 미리 수년 동안 구입했기 때문에 내 차례가 계속 연기 되었던 적이 있다. 첫 번째 우주비행 기자의 비행을 위해 이미 모집된 사람들에게도 비슷한 일이 일어났다. 계획이 바뀌었고 선택의 여지가 없었다. 이러한 상황이 발생하면 당신은 모든 것을 처음부터 시작할 준비가 되었는지 생각하고 자기의 전문성을 수요가 많은 것으로 변경한 다음 두 번째 기회를 찾아야 한다.

035 승무원들 간에 심리적인 화합에 대한 대책이 있나요?

실제로는 아무것도 없다. 보통 우주 기구의 대표자들이 모여 "우리는 이 바노프를 보낼 것이고, 우리는 페트로프를 이번에 파견할 예정이고, 시도로프가 이번에 우리 쪽에서 보낼 사람이다."라고 협의한다. 우리에게 각 기관에서 파견되는 사람들이 지금 우리와 같이 있다고 알려준다. 서로 모르는 사람이지만 소그룹 내에서 힘들고 다소 어려운 작업을 하게 되면 우호적인 심리적 분위기가 형성된다.

첫 번째 단계에서 우리는 각자 자신의 프로그램에 따라 개별적으로 준비한다. 비행 약 1년 반 전에 비상 상황에 대한 합동 훈련이 시작된다. 훈련하는 동안 서로를 알게 된다. 우리는 교실에서 만나고, 어딘가에서 이야기를 나누고, 수업이 끝나면 누군가를 만나거나 술집에 간다. 이탈리아인 파올로 네스폴리(Paolo Nespoli)는 우리를 안드레아 보첼리(Andrea Bocelli)의 콘서트에 데려갔다. "유명한 오페라 가수, 내 친구."라고 소개하며, 우리는 무대 뒤에서 담소를 나누고 그의 아내를 만나기도 했다. 미국

세르게이 랴잔스키의 우주정거장에서의 100일째 기념

인들은 러시아인을 초대하는 것을 매우 좋아해서 가족들과 함께 밤을 보내기도 했다.

우리는 화합을 위해 노력해야 하고, 세부 사항을 배려하고, 사람들을 알아가야 한다. 승무원을 변경할 수 없기 때문이다. 즉 "이바노프를 데려가, 페트로프를 줘."라고 말할 수 없다. 당신이 말할 수 있는 유일한 것은 "난 못해, 나는 그들과 함께 우주로 가지 않을래. 나를 빼줘." 하지만 우리 각자에게 우주비행은 여전히 꿈이자 사랑의 대상이므로 팀워크가 잘 이루어지도록 노력하는 것이 좋다. 따라서 우리가 우주정거장에 있을 때 상호 작용을 촉진하기 위해 승무원들은 서로를 존중하고 친절하며 우호적인 관계를 구축하는 것이 특히 중요하다고 확신한다. 그건 그렇고, 친구들과의 우정에 대해 대단히 감사하다.

036 승무원의 사령관은 어떻게 정해지나요?

지금은 러시아의 발사체 "소유즈"만이 우주비행에 사용되기 때문에 반드시 러시아인이 승무원과 배의 사령관으로 임명된다. 그러나 우주정거장 사령관은 차례대로 결정된다. 전문성과 건강 수준에 관계없이 이번에 러시아의 차례이면 다음 원정대에는 미국의 차례이다. 내가 두 번째 탐사에서 소유즈 MS-05 우주선의 사령관이었을 때, 내 우주비행 경험은 166일

두 명의 우주 사령관-세르게이 랴잔스키와 랜돌프 브레즈닉
(사진: 안드레이 쉘핀/CPC)

이었고, 미국인 동료 랜돌프 브레즈닉(Randolph Breznik)은 아틀란티스 셔틀에서 10일 조금 넘게 시간을 보낸 것이 전부였지만 미국인 차례였기 때문에 그가 우주정거장의 사령관이 되었다. 그러나 주로 우주에서 일한 경험을 바탕으로 임명되는 소유즈 우주선 사령관과는 달리 우주정거장 사령관은 순전히 공식적인 자리다.

037 우주비행사가 되기 어렵나요?

어렵다. 그러나 우주비행사는 여전히 목표, 인센티브, 동기를 가지고 있다. 훈련에 성공하고, 우주로 비행하고, 모든 장애물을 극복가능하다는 것을 증명할 수 있다. 열심히 공부해라. 신체적으로도 매우 힘들다. 그리고 아마도 가장 어려운 일은 승무원에 포함되어 첫 번째 비행에 배정받는 것이다.

사실 가장 어려운 일은 우리가 아니라 우리 가족, 즉 부모, 아내, 자녀들에 대한 것이다. 당신이 우주비행팀에 있을 때, 당신의 우주비행을 위한 준비는 모든 일의 최우선 순위이자 궁극적인 목표가 되기 때문이다. 정신적 편안함, 신체 상태, 일정 및 여행 등 모든 것이 미리 준비된 스케줄에 따라 결정된다. 나는 아내가 휴가를 언제 갈지 물었을 때까지 "모르겠어, 파샤에게 전화해."라고 말했다. 파샤는 우주비행사 훈련센터의 기획자 중 한 명이다. 그들은 앞으로 2~3년 동안 우리의 일정을 하루, 시간 단위로 알고 있으며 모든 것을 계획한다. 한편으로 일정에 따라 생활하는 것은 쉽고 즐거워 보인다. 다른 한편으로는 타인이 미리 정한 일정을 벗

가족과 함께 있는 세르게이 랴잔스키

어나지 않아야 하기 때문에 어렵기도 하다. 즉 왼쪽으로 한 걸음, 오른쪽으로 한 걸음 가야 한다는 것을 받아들이기가 쉽지는 않다. 당신은 대형 기계의 일부이기 때문에 과정이나 교육을 연기할 권리가 없다. 당신 외에도 강사 및 전문가가 작업에 참여하고 있으며 자신만의 명확한 일정을 가지고 있기 때문이다. 이제 가족의 모든 구성원이 수년 동안 이 일정에 따라 생활을 조정해야 한다고 상상해보라. 아무도 가족들을 준비시키거나, 선택하지 않는다. 그저 가족들은 당신으로부터 오는 일상의 지시를 참고 기다려야 한다.

우주비행사가 되기 어렵나요? 어렵다. 그러나 우주 가족의 진정한 영웅은 지구에 남아있는 사람들이다.

038 비행하기 전에 두렵나요?

무섭지만 괜찮다. 앞서 말했듯이 두려움은 나쁜 것이 아니다. 물론 당신을 공포에 빠뜨리고 히스테리를 일으키는 등 파괴적인 공포를 가져올 수는 있다. 그때 당신은 아무것도 할 수 없을 것이다. 이것은 나쁜 공포다. 당신을 움직이게 하고, 긴장 상태를 유지하게 하고, 특정 상황에 대응할 준비를 하게 하는 두려움은 좋은 공포라고 할 수 있는데, 어느 단계에서나 우주비행사를 따라다닌다. 가장 중요한 것은 이제 낙하산 훈련, 생존 훈련 등에서 배웠던 두려움을 제어할 수 있다는 것이다. 순식간에 숨을 쉬고, 내쉬고 두려움을 마음 깊숙이 가져간다면 두려움은 거기에서 그대로 유지될 수 있다. 당신은 그때 가르침대로 명확하고 침착하게 행동하면 된다. 하지만 여전히 무서운 것은 사실이다.

두려움의 형태는 사람마다 다를 수 있다. 나의 경우는 주된 두려움이 10년 동안 우주비행을 할 수 있는 능력을 증명해야 한다는 것이었다. 이미 마지막 단계에서 나를 믿었던 사람들을 실망시키는 것에 대한 강한 두려움이 생겼다. 나를 많이 가르쳐 준 사령관, 나와 함께 일한 강사, 나를 도와준 가족들을 실망시키는 것이다. 그러나 그것도 내 인생에서 불명예를 받는 것보다는 덜 무서웠다.

더 간단하고 자연스러운 두려움에 대해 이야기하자면, 두려움이 당신 자신에게서 오는 두려움이 아닌 경우에는 우주비행에 관련된 부분일 수 있다. 어딘가에서 누군가를 태운 조립된 로켓은 우주로 발사될 것이다. 물론 우리는 무슨 일이 일어나고 있는지, 기술적 세부 사항, 앞서 벌어지는 일들의 순서를 알고 있을 수 있다. 시스템을 더 깊이 연구할수록 시스템이 고장 날 수 있는 부분을 더 명확하게 이해한다. 따라서 이륙하거나 착륙할 때 고장에 대한 생각을 하지 않고 우주선 장비 작동에 집중하는 것이 도움이 된다.

어떻든 우주선을 타고 우주비행을 하는 것이 더 쉽다. 그것은 모두 당신에게 달려 있기 때문이다. 훈련센터에는 어떤 우주비행사라도 낙하산을 혼자 벗어야 한다는 원칙이 있다. 강사의 감독하에 있어도 스스로 해야 한다. 우주유영을 하기 전에 우주복을 직접 확인하고 테스트한 뒤에 작동해야 한다. 틀렸다면 당신 자신의 문제다. 그리고 직관적으로 볼 때 스스로에 대한 자신감이 더 많으면 그렇게 무섭지 않다.

039 우주비행 시에도 멀미가 있나요?

있다, 그것은 "우주 멀미"라고 불린다. 우리가 느끼는 멀미와 비슷하다. 귀의 전정 시스템이 일어나는 일에 적절하게 반응하지 않기 때문이다. 그것은 모든 사람에게 다르게 나타난다. 종종 당신이 천장에 매달려 있다는 착각이 올 수 있다. 메스꺼움과 심지어 구토가 시작되기도 한다. 소유즈에는 멀미를 퇴치하기 위한 의약품이 포함된 특수 응급 처치 키트가 있다.

불행히도 누구에게 어떻게 나타날지 예측하는 것은 불가능하다. 나는 운좋게도 두 비행 모두 기분이 좋았다. 그러나 사람들이 의식적으로 훈련을 받았음에도 여전히 기분이 좋지 않은 경우가 있다. 다행히 멀미는 심각한 경우에도 며칠 만에 빨리 사라진다.

040 우주비행사는 놀이기구 타기를 좋아하나요?

우주비행사도 사람이다. 그들도 놀이기구 타는 것을 좋아한다. 대부분 아이들만이 우주비행사가 되는 꿈을 꾸기 때문에 우주비행사는 모두 큰 아이들이다. 롤러코스트를 탈 때 발생하는 과부하와 훈련 중에 원심 분리기에서 느끼는 과부하를 비교해보았더니 거의 같은 느낌이었다.

041 지구에서 우주비행사는 어떤 일을 하나요?

실제로 우주비행사의 지상 작업은 다소 독특하다. 지속적인 연구, 우주 선 내 작업 훈련, 승무원 역할, 도킹 및 비상 상황 등등으로 다양하다. 학 생들과 비슷한 일정도 있다. 이론 수업과 실습, 체육 시간이 있고 영어는 필수다.

우주비행사는 훈련 단계에 따라 교육의 중점적인 내용이 분명하게 달 라진다. 이미 승무원에 포함되어 있으면 실제 비행에서 수행할 작업을 연 습하고 동료와 협업을 진행한다. 승무원 배정을 기다리는 사람은 기술을 유지하고 지식 기반을 확장하며 새로운 것을 배우기만 하면 된다.

이외에도 우주비행사는 자기만의 특정 업무를 가지고 있다. 이를 위 한 실험을 수행하기도 하며, 초보용 시험을 치르기도 한다. 실험을 위해 장비를 테스트할 때 엔지니어링 설계자 및 과학자와 소통한다. 많은 우주 비행사가 지상임무제어센터에서 최고 운영자로 일한다. 전문가가 주 운 영자를 위해 문서와 다양한 다이어그램을 준비하면 주 운영자는 우주선의 승무원과 연락을 취해서 의사소통하고 몇 가지 추가 정보를 제공한다. 또는 자신이 이에 대처할 수 없으면 전문가에게 전달하여 조언을 받기도 한다.

042 우주비행사의 업무와 일반적인 회사 업무의 가장 큰 차이점은 무엇인가요?

첫째, 우리가 근무일의 일정을 스스로 결정하지 않는다. 우주비행사가 오늘 공부해야 하는 것과 그가 수행해야 할 훈련 등은 기획 전문가들에 의해 개발된다. 둘째, 우리의 모든 작업은 비행에 유용한 특정 기술의 습득 또는 강화를 위한 연구와 관련된다.

우주비행사의 고용 계약에 따르면 "비정규 근무 시간"이 있다. 그러나 우리는 아침 8시에 출근하여 아침 식사를 한다. 수업은 9시에 시작하고 점심시간이 있으며 모든 것은 저녁 6시에 저녁식사로 끝난다. 즉 아침 8시부터 저녁 6시까지 대부분의 평범한 직장인처럼 일한다.

주말은 다른 사람들과 같다. 그러나 한 가지 다른 것은 당신이 모임, 훈련, 출장을 갈 수도 있다는 것이다. 기획자가 결정하면 주말에 갈 수도 있다.

043 우주비행사의 작업일지에는 무엇이 기록되며
당신의 직위는 무엇인가요?

우주비행사가 팀에 합류되면 작업일지에 "우주비행사 후보"라고 쓴다.
그리고 자신이 우주비행사임을 증명해야 한다. 2년 후 모든 시험을 통과
하면 "우주비행사-연구자" 또는 "우주비행사-조사자"라는 새로운 항목
이 나타난다. 나는 이제 "1등급 우주비행사 테스트 강사"라고 적었다. 내
경력은 15년이다.

044 우주비행사의 월급은 어느 정도인가요?

우주비행사의 보수는 좋지만 우주비행은 돈에 관한 것이 아니다. 사람들
은 좋아서 우주비행에 참가한다. 돈에 대해서만 생각한다면 우주비행사
에게 주어지는 모든 것을 극복할 힘이 충분하지 않을 것이라고 확신한다.
그러한 일은 오늘날 지불되는 돈으로 그 가치를 매길 수 없다. 모스크바
사무실의 일반 관리자가 훨씬 더 많은 것을 얻는다는 것을 장담할 수 있
다. 그러나 우리는 가족을 품위 있게 부양할 수 있어서 기쁘다. 사업에 돈
이 따르지만 우리에게는 꿈의 직업이 있다.

CHAPTER 3

우주정거장으로의 비행 준비

비행 전날에 무엇을 하나요?

•

비행 전 전통 같은 것이 있나요?

•

소유즈 우주선은 어떻게 생겼나요?

•

이륙은 어떻게 이루어지나요?

045 우주비행사는 스타시티에서 어떻게 지내나요?

옛날에는 스타시티(Star City)가 실제로 군사 기지였다. 거기에는 강사 장교, 우주비행사 장교 등이 일하는 곳이었다. 물론 개별 민간인도 있었다. 군인들에게는 스타시티 기숙사 또는 영구 아파트에 숙소를 제공했다. 민간인은 모스크바 또는 까랄료프(Korolev)[*]에서 살았다.

2009년부터 스타시티는 민간 전용 행정 지역(러시아어로 일명 ZATO)이 되었고, 거기에는 우주비행사 훈련을 위한 유리 가가린 연구 테스트 센터(FSBI NII 가가린 CTC)도 있다. 그리고 우주비행사는 이제 모두 민간인이다. 그래서 군인들이 우주비행단에 입소하려면 제대한 후에 가능하다.

---

[*] 모스크바 근교에 있는 산업도시. — 역자 주

조감도로 본 스타시티 (사진: 마르셀 구바이둘린/우주비행사 훈련센터)

미국에서는 상황이 조금 다르다. 육군이 여전히 우주비행사를 NASA
에 보낼 수 있으며 군사적 직위를 잃지 않고 거의 같은 직위로 일하게 된
다. 그러나 그는 나중에 민간 전문가로 일하면서 그만 둘 수도 있다.

준비 중인 우주비행사는 모스크바에 자신의 아파트가 있더라도 스타
시티의 가족 기숙사에 아파트를 제공한다. 힘든 운동을 마치고 이론을 공
부하거나 다음 테스트를 준비하며 아침을 신선하고 활기차게 하기 위해
휴식을 취할 수 있다. 미국 동료들은 그들만의 주택을 가지고 있다. 유럽
인과 일본인은 병원시설이 갖춰진 호텔에 방을 임대한다.

046 왜 러시아뿐만 아니라 다른 나라에서도 훈련하나요?

ISS(International Space Station)는 국제우주정거장(단순히 우주정거장)을 의미한

다. 우주정거장 건설 프로그램에는 여러 나라가 참여하였으며 참여국으로 구성된 파트너 커뮤니티에 의해 운영되고 있다. 주요 파트너는 러시아와 미국이고, 주니어 파트너는 유럽 우주국과 일본 우주국이다. 캐나다 우주기구(Canadian Space Agency)도 할당량이 매우 적지만 우주정거장을 위해 무언가를 했기 때문에 프로그램의 다른 참여자들과 지속적으로 접촉하고 있다.

우주정거장으로 여행하는 모든 우주비행사 후보자는 파트너의 우주정거장 모듈에 대한 교육을 받아야 한다. 당연히 잘 모르겠지만 적어도 거기에 무엇이 있는지, 주요 시스템이 어떻게 작동하는지, 파트너가 어떤 보안 조치를 취하고 있는지 파악하게 된다. 이러한 교육을 받게 되면 우주정거장에서 갑자기 긴급 상황이 발생해도 파트너가 해결하도록 도울 수 있다.

따라서 러시아 외에도 휴스턴에서 훈련한다. 미국인의 장비와 기능을 연구하고 사고 발생 시 대처 기술을 습

우주정거장에 있는 미국의 운동기구 ARED

득한다. 예를 들어, 운동기구인 ARED(Advanced Resistive Exercise Device)[*]에 대한 훈련이 있으며 똑같은 모델이 우주정거장에 설치되어 우주비행사의 체력을 유지하는 역할을 한다. 러시아 우주비행사는 적어도 열 번의 훈련을 받아야 한다. 강사는 각각 합격과 불합격을 설정하고, 일지에 기록하고, 습득됐는지 안 됐는지 등을 표시한다.

그런 다음 3일 동안 일본, 쓰쿠바시로 날아간다. 일본인은 우주정거장에 2개의 모듈(러시아는 5개의 모듈이 있음)이 있으므로 임무가 많지는 않지만 미국과 비슷한 테스트를 통과해야 한다. 그런데 쓰쿠바시에 갈 수 없는 우주비행사라도 만약 우주정거장에서 일한 경험이 있다면 스카이프를 통해 테스트를 할 수 있다.

유럽 우주국을 방문하는 데는 3~4일이 걸린다. 기간은 우주정거장 내 프로그램에 따라 다르다. 예를 들어, 내 경우에는 마지막으로 퀼른에 두 번을 갔었고, 이때 유럽인이 준비한 실험에 참여했다. 장비는 프랑스에서 만들었고 훈련은 퀼른 기지에서 진행되었다.

우주비행 중에 만약 캐나다 로봇 팔(Canadian Robotic Arm, 약칭 Canadarm)을 사용하는 사람들은 독특한 장비를 사용하기 위해 운영시험을 통과해야 한다. 안타깝게도 나는 훈련을 통과하지 못했고 동료 중 일부는 운이 좋아서 시험에 통과하여 캐나다 파트너와 함께 일했다.

---

[*] 무중력 상태에서 더 강렬한 운동을 할 수 있도록 NASA에서 설계한 운동 장치.

047 우주비행사는 비행 전에 무엇을 하나요?

승무원은 비행 2주 전에 바이코누르(Baikonur)로 출발한다. 도착하자마자 의료검역이 시작된다. 우주비행사는 우주비행장 17번지에 있는 테스트 훈련 단지의 보호 구역을 떠날 수 없다. 승무원이 편안함을 느끼도록 비행 전에 필요한 전문가, 다양한 유형의 교육 강사, 의사만 허용된다. 우주비행사와 함께 모든 종류의 신체 운동에 지속적으로 참여하는 승무원 트레이너가 있다. 친척과 친구가 방문할 수는 있으나 이때 방문 인원은 제한되어 있으며 3~4명을 넘지 않는다. 그들은 방문하기 전에 건강 진단을 받아야 하지만 모든 검사 후에도 우주비행사에게 직접 연락할 수는 없다. 그들은 근처에 있는 숙소에서 저녁을 보낼 수 있을 뿐이다.

반면, 출발 2주 전은 매우 중요하다. 왜냐하면 가장 중요한 순간이 우주정거장으로의 비행하는 시간이기 때문이다. 그러므로 출발 2주전까지 지상에서의 문제를 미처 끝내지 못하면 비행 중 문제를 일으킬 수 있다. 예를 들어, 아내가 "나무 좀 가져다 주세요."라고 한다 해도 당신은 할 수 없다. 당신은 우주에 있기 때문이다.

실제로 모든 우주비행사는 리더십 자질을 가지고 있다. 그렇지 않으면 목표를 향한 수많은 장애물을 극복할 수 없다. 그는 가족과 친구 모두에게도 리더로 남아 있다. 이렇게 느끼는 사람들은 문제가 발생하면 그에게 도움을 요청하고 해결한다. 당신은 비행을 준비하고 있지만 다른 사람들의 어려움에 끊임없이 대처해야 한다. 왜냐하면 이렇게 되어야만 하고, 이것이 삶이 작동하는 방식이기 때문이다. 따라서 비행 전에 어떻게든 당신을 대신할 사람을 만들어 놓아야 한다. 아내에게 위임장을 주고 아내가 당신을 대신하여 재정 문제를 해결할 수 있도록 모든 카드의 비밀번호와 PIN 코드(개인 식별번호)를 알려줘라. 일상생활에서 가족을 지원할 누군가가 필요하다. 일상에서 당신이 하던 일에 대한 세부 사항을 알려줘야 한다. 예를 들어, "수도꼭지가 새면 여기로 전화해요. 그러면 사람이 와서 고쳐줄 거예요. 만약 전자 제품에 문제가 있으면 여기로 전화해요." 당신은 가족들의 생활을 재구성해 놓아야 할 것이다. 왜냐하면 가족들의 삶이 어디론가 위험한 방향으로 향하고 있을 때 가장 취약할 것이기 때문이다. 예를 들어 일상적인 문제뿐만 아니라 당신의 경험을 통해 예상되는 일들이 가장 가까운 친척들에게 생길 때가 있을 수도 있다. 남은 2주 동안 지구에서 여전히 해야 할 일과 우주로 비행을 갈 때 가져가야 할 것(전화 번호, 파일 등)에 대해 확실하게 준비해야 한다. 생각하고 준비해야 할 것들이 많다.

048 검역이 필요한 이유는 무엇인가요?

우연히 우주정거장에 감염을 일으키지 않기 위해 필요하다. 예를 들어, 독감 유행이 시작되면 검역이 증가한다. 우주비행사뿐만 아니라 우주비행사와 지속적으로 접촉하는 사람들도 주변에서 일하고 있기 때문이다.

　의료적 격리 외에도 지난 2주 동안 지구에 뇌의 "격리" 상황이 발생했다고 말하고 싶다. 모든 시험을 통과하고 공식적으로 주 위원회에서 우주정거장에서 일하고 비행할 수 있다는 인증을 받았다. 그리고 상상 속의 비행을 시뮬레이션하면서 모든 일이 어떻게 일어날지 침착하게 생각할

비행 전 승무원 시험 중인 우주비행사 훈련센터에서의 세르게이 랴잔스키
(사진: 안드레이 쉘핀 / CTC)

시간이 있다. 나는 우주선에 들어간다. 들어가서 나는 무엇을 하고 있나? 어디에 무엇이 있나? 누가 어디에 앉아 있을까? 누가 무엇을 책임지고 있을까? 다른 나라 사람들이 있으면 어떻게 해야 할까? 조종사, 당신이 하는 일을 기억하고 있나? 같은 것들을 생각한 뒤 나는 우주정거장에 탑승한다. 그 다음에 무엇을 해야 하지? 피곤하겠지? 근무일은 22시간이 넘을 것이고 눈꺼풀이 내려앉기 시작한다. 그래도 나는 무언가를 해야 하겠지? 제일 먼저는? 그리고 다음은? 그리고 세 번째는? 당신은 앉아서 그 과정을 단계별로 상상한다.

때때로 잠시 멈추고 다음 단계를 생각하는 것이 매우 중요하다. 그러면 무엇보다도 모든 것이 잘 될 것이라는 자신감이 생긴다. 이 시점에서 고백할 것이 있다. 내가 탑승한 후 지구에서 온 사람들이 다음과 같이 보고했다. 동료들은 휴식 시 심박수가 120을 넘었지만 나의 심박수는 80을 넘지 않았다는 것이다. 이에 대해서 나는 "그래요?"라고 아무렇지도 않다는 듯이 대답했다. 왜냐하면 이것이 큰 문제라는 것을 알고 있었기 때문이다. 그러나 2주 후에도 심박수가 비슷하자 내 심박수 기준 자체가 조정되었다.

또한 시작하기 전에 승무원들끼리 협업 방안을 결정할 시간이 필요하다. 처음에는 어떤 승무원이 있는지, 개인적으로 무엇을 하는지, 다른 사람에게 무엇을 위임할 수 있는지 알아놓아야 한다. 지휘관은 자신의 머릿

작업 계획에 놀라고 있는 세르게이 랴잔스키와 승무원들(사진: 파올로 네스폴리)

바이코누르 발사장의 설계자인 마하일 랴잔스키 기념비에서 세르게이
랴잔스키와 랜돌프 브레즈닉(사진: 안드레이 쉘핀 / CTC)

속에 명확한 행동 계획과 누가 어떤 단점이 있는지에 대해서 정확하게 이해해야 한다. 마이너스와 마이너스는 항상 플러스를 제공하도록 해야 한다. "조종사 양반, 당신은 이것, 이것과 이것에서 저를 봐줘야 한다. 제가틀릴 수도 있으니 확인 부탁한다. 저는 이것과 이것 뒤에서 이것을 봐주겠다. 당신이 여기서 틀린 것 같다."

협업 계획은 각각의 장단점을 모두 고려해야 한다. 예를 들어, 나의 장점은 "신속성"이다. 신속하게 대응하고 신속하게 결정을 내린다. 어떤 사람은 마무리하는 데 시간이 필요하지만 나는 이미 대답을 하곤 한다. 내조종사 랜돌프 브레즈닉(Randolph Breznik)은 매우 신중한 사람이며 오랫동안 생각하고 계산한다. 그래서 우리는 항상 갈등을 겪고 다툴 것 같이 보이지만 실제로는 우리가 서로의 성격을 이해하고 도움을 주고받았기 때문에 오히려 협업이 매우 쉬웠다. 그는 모든 것에 꼼꼼하게 접근하지만 내 문제는 빨리 확인해준다. 그는 잘 진행이 안 될 것 같으면 지시서를 따르는 미국의 전통대로 과정을 늦춘다. 그러면 나는 자연스럽게 성격이 급해진다. "빨리 이 명령을 보내버리고 지금 이것을 하자. 지금 하던 일을 멈추고 생각해봐라." 나는 곧바로 반응하지만 뭔가 놓칠 수도 있나. 그러면 조종사는 "이 명령을 내렸나요? 이거는 줬어요? 그리고 이것은? 잊어버렸지요?"라고 나를 교정한다.

요약하면, 2주 간의 격리는 승무원이 서로의 장점을 활용하고 단점을 고려하여 지상 업무를 완료하고 우주에서의 공동 작업을 시작하는 데 도움이 된다.

049 격리 기간 동안 친척이 우주비행사를 방문할 수 있나요?

그렇다, 아주 좋았다. 부모님, 아내, 여동생이 나를 방문했었다. 두 번째 우주비행을 준비하고 있었을 때는 동기들, 동창들, 러시아학생운동단체(Russia Students Movement, RDS)의 많은 어린이 그룹이 찾아오기도 했다.

안타깝게도 격리 요건이 매우 엄격하기 때문에 대부분의 손님들은 유리벽을 통해서만 의사소통을 해야 했다. 예를 들어, 내 친구들이 왔을 때인데, 7월초의 매우 더운 여름이었다. 나는 그들에게 샴페인 한 상자를 주었고, 그들은 샴페인을 따르고 우리는 유리벽을 통해 잔을 부딪칠 수밖에 없었다. 나는 그들을 볼 수는 있었지만 그들을 안을 수는 없었다.

050 비행 전날에 무엇을 하나요?

훈련 마지막 날, 나는 우주상에서 벌어질 작업에 대한 생각에 빠져 있었다. 물론 흥분도 있었다. 무언가 잊어버리고 빠진 것이 있지 않을까? 그래서 의사에게 "의사선생님, 약이 있나요?"라고 물어보니 그는 가벼운 수면제를 주었다. 다음날 깨어나 보니 몸이 수분이 다 마른 바삭한 오이가 된 것 같았다.

비행 8시간 또는 10시간 전에 일어나서 탑승을 위한 빡빡한 준비 일정에 즉시 돌입한다. 첫째, 의료 절차가 진행된다. 전신을 알코올로 문지르고, 속옷을 입고, 양복을 입고, 살펴본다. 그리고 상사와의 샴페인을 마시면 다 되었다, 여러분! 날아간다.

전통적인 세레모니도 필수다. 또한 작업 일정 내에서 최대 몇 분 정도 의식이 치러진다. 서서, 웃고, 사진을 찍는다. 이른바 당신이 묵었던 호텔 방 문에 사인도 한다. 멈추고 기다리면 음악이 켜진다. "우리는 우주비행장이 조용하리라고 기대하지 않는다." 여기에서 손을 흔들고, 저기에서 손을 흔들고, 버스에 탄다. 우리는 조립 및 테스트 건물에 도착하여 우주복으로 갈아입고 친척, 관리자와 유리벽 뒤에서 이야기하고 기다린다. 우리는 주 위원회의 보고를 기다렸다가 다시 버스를 타고 간다. 움푹 패인 곳에서 멈춰 밖으로 나가 신선한 공기를 마시고 뒤로 올라가서 운전한다. 로켓이 모습을 드러내기 전에 "비행 준비 완료!"라는 신호가 나면 계단을 오르고, 손을 흔들고 엘리베이터로 간다. 우리는 그 엘리베이터를 타고 우주선으로 들어간다. 각각 순서대로 올라간다. 모든 것이 너무 철저하게

모스크바 크렘린 성벽 근처에 있는 소유즈 MS-05 우주선의 승무원 및 백업 승무원: 왼쪽부터 오른쪽 순으로 파올로 네스폴리, 랜돌프 브레즈닉, 세르게이 랴잔스키, 알렉산더 미수르킨, 마크 반데 헤이 및 가나이 노리시게 (사진: 안드레이 쉘핀 / CPC)

계획되고 오래전부터 고려된 것이라 걱정할 필요가 없다. 그리고 탈출하려는 시도는 불가능하다. 가기로 했으면 가야 한다!

사전 발사 절차도 계획되어 있다. 발사체에 연료가 공급되고 모든 발사 서비스를 시작할 준비가 되었다. 그때까지는 늦어도 로켓 안에 있어야 한다. 이보다 늦지 않게 해치에 누수가 있는지 확인한다. 모든 시스템이 준비된 다음 45분 동안 휴식을 취하게 된다. 왜냐하면 혹시나 준비가 미흡한 부분이 있는 경우를 대비해야 하기 때문이다. 예를 들어 버스 타이어에 펑크가 나거나 다른 것들에 문제가 있을 수 있다. 우리는 45분 동안 채팅을 하거나 음악을 듣는다. 우리는 미리 듣고 싶은 가장 좋아하는 음악 목록을 준비한다. 각각 자기만의 것이 있다. 예를 들어, 나는 "키노(Kino)", "앨리스(Alice)", "디디티(DDT)" 등의 음악을 듣고 자랐다. 좋아하는 노래를 USB 스틱에 넣어서 지상팀으로 전송한 다음 무작위 순서로 재생한다. 그래서 당신은 우주선에 앉아 지루하지 않고 나쁜 생각이 떠오르지 않도록 좋아하는 노래 또는 자신이나 동료들의 얘기를 듣는다.

발사 전에 작별인사를 하는 소유즈 MS-05의 승무원

물론, 발사를 연기하거나 완전히 취소할 경우도 생긴다. 드물기는 하지만 이런 일이 발생한다. 하지만 우리도 이에 대비하고 있으며 취소될 경우 승무원을 위한 단계별 지침이 있다.

승무원을 변경하는 옵션이 있을 수 있다. 발사 전 마지막 단계에서 우리는 어디든지 백업 승무원과 동행한다. 많은 사람들은 백업 승무원이 언제라도 우주비행사를 대체할 준비가 되어 있다고 생각하지만 그렇지 않나. 백업 승무원은 약간 어둔하고 약간 취해있는 듯 하게 보여야 한나, 그래서 우주로 날아갈 준비가 되어 있다고 의심하지 않도록 해야 한다고 농담을 한다. 만일 승무원에게 어떤 일이 발생하면 백업 승무원은 예정일로부터 이틀 안에 비행한다. 왜냐하면 발사 당시에는 백업 승무원에 대한 필수 작업 및 절차를 거치지 않았기 때문이다. 그들에게는 우주복을 준비하고 우주선의 화물을 변경하는 등의 작업이 필요하다. 따라서 정상적인 이벤트 과정에서 백업 작업은 시작 하루 전, 주 위원회가 검사하고 확인한다. 그러나 예정된 승무원이 비행 준비가 되었으면 백업 승무원은 지구에 남게 된다.

051 당신은 발사 전에 어떤 음식을 먹나요?

비록, 전문가들은 "부담스러운 음식은 먹지마라."라고 조언하지만 모두 자기가 원하는 걸 먹는다. 하지만 기본적으로 강한 제약은 없다. 그래서 가장 좋아하는 것을 먹는다. 첫 번째 비행 전에 약간 긴장했던 게 기억난다. 그래서 식욕이 별로 없었으나, 두 번째 비행 전에는 아무 문제도 없었다.

052 비행 전 전통 같은 것이 있나요?

물론 있다! 우주 전통은 수십 년 동안 지속되었고, 오늘날 그러한 전통이 어디서 왔는지 일일이 기억하기란 어렵다. 우리는 바이코누르로 가기 전부터 그 전통들을 따라가기 시작한다. 비행 당일에는 우주비행사 훈련센터의 아침식사에 샴페인이 같이 나온다. 여기에 과거 베테랑들이 와서 동료들에게 행운을 빌어준다. 그리고 나서 모든 사람들이 버스가 기다리는 레닌 기념물로 간다. 거기서 가족들과 만나 사진도 찍고 짧은 인터뷰를 한다. 심리적으로 매우 중요한 일들이다.

　　승무원들은 바이코누르에 도착해서 우주선의 설계책임자를 만나게 된다. 그는 우리에게 우주선은 완벽하게 준비되었다고 얘기한다. 그러면 발사 전 준비가 시작되고 다른 무엇보다도 두 종류의 우주선 적응 절차를 거쳐야 한다. 여기 발사대에 있는 "소유즈 우주선[***]"에 들어가서 장비 목록

---

[*] 커스터드나 휩트 크림을 채운 뒤 초콜릿을 씌운 슈 페이스트리.
[**] 프랑스식 요리의 일종으로 맑은 고기 국물로 만든 수프.
[***] 궤도선, 귀환선 및 기계선으로 구성되어 있다. 궤도선은 우주정거장에 갈 때 활용되는 모듈로서 우주비행사 활동 공간과 도킹장치가 있다. 귀환선은 지구로 돌아올 때 사용되는 모듈로서 대기권 재진입을 위해 종모양으로 되어 있다. 기계선은 궤도선이나 귀환선을 제어하기 위해 자세제어장치나 엔진이 탑재되어 있고 산소공급장치 등 소유즈 내의 생명유지에 필요한 장비들도 포함되어 있다. ― 역자 주

전통적으로 우주선 승무원은 바이코누르로 떠나기 전에 붉은 광장을 방문함

들을 점검해야 한다. 여러분들이 사용할 궤도선, 귀환선 등이 있다. 궤도선에는 무엇이 있나요? 수도꼭지를 예로 들어보겠다. 그것은 어떤 상태에 있나요? 어떻게 돌려야 하죠? 만약 그것을 돌려야 하는데 갑자기 꽉 끼면 어떻게 하나요? "수도꼭지에 까끌거리는 것이 있네요. 손을 베지 않게 잘라주세요." 당신은 이 우주선의 주인이니 문제가 있으면 고쳐달라고 할 수 있다.

발사 약 3~4일 전, 격리기간 동안 가족끼리 저녁 파티를 한다. 바비큐, 필라프, 스낵 등을 먹으며 가족과 가까운 친척들이 모여서 가벼운 파티를 연다. 카자흐스탄 사람들은 매우 친절하고, 요리를 잘한다. 저녁식사가 매우 정성이 가득하다. 물론 가장 중요한 것은 비행하기 전에 가족과 함께 대화를 한다는 것이다. 농담도 하고 대화를 나누고 심지어 토론도 한다. 바이코누르는 대개 날씨가 좋기 때문에 내 경우는 가족과 식사를 두 번 했다.

영화 〈사막의 하얀 태양(The White Sun of the Desert)〉[*]을 보는 것은 전설적인 전통이다. 이 영화는 1970년에 개봉 했는데 이 영화를 보자고 블라디미르 알렉산드로비치 샤탈로프[**]가 처음 제안했었고 소유즈 10호 승무원들이 처음으로 관람했다. 이 전통에 관련해서 약간 소름끼치는 일이 있었다. 소유즈 11호의 우주비행사들은 이 영화를 보지 않았는데 지구로 귀환 중 모두 사망했던 사건이 있었다.[***] 그리고 나서 누군가가 소유즈 12호 비행 전에 영화를 보자고 제안했는데 모두들 찬성했다. 그렇게 돼서 이러한 전통이 정착 되었다. 우리는 그것을 거의 외울 정도로 수십 번 봤다. 우주비행사들끼리 이 영화에 대해 얼마나 알고 있는지 농담 섞인 테스트를 자주하곤 한다. "이봐! 영화 속의 고양이 기억하나? 수호프의 고양이 이름이 뭐였지?"라고 묻는다. 그러나 실제로 영화에 고양이는 등장

---

[*] 소련 시대의 영화로서 액션, 코메디가 섞인 드라마다. — 역자 주
[**] 소련의 우주비행사로 3번의 우주비행을 한 경험이 있다.
[***] 소유즈 11호 사고 : 1971년 6월 임무를 성공적으로 수행하고 카자흐스탄에 안전하게 도착했던 소유즈 11호의 우주비행사 3명은 모두 시체로 발견되었다. 원인은 분리과정에서 과도한 진동으로 압력밸브가 열려 우주선 내부의 공기가 모두 바깥으로 빠져나가 질식사한 것으로 밝혀졌다.

하지 않는다. "수호프의 고양이"는 집에서 부르는 그의 별명일 뿐이다. 원래 이름은 바스카이다. 나는 마지막으로 〈사막의 하얀 태양〉을 가족과 함께 봤는데 매우 좋았다. 친척들을 초대해서 와인 한 병과 과일 한 접시를 놓고 영화를 같이 봤다. 동시에 많은 얘기를 나눴다. 영화를 보고나면 우리에게는 유리벽을 통해서만 얘기를 나눌 수밖에 없는 순간만이 남아있다.

가장 최근의 전통은 로켓과 승무원의 종교의식이다. 나는 종교와 복잡한 관계를 맺고 있다. 한번은 한 명의 사제와 내가 격렬한 철학적 토론을 하기도 했다. 물론, 우리는 공통적인 견해를 찾지 못했지만, 그는 어느 순간 내게 다가와 껴안고 이렇게 말했다. "당신과 같은 직업을 가진 사람들은 어떤 도움도 거부할 필요가 없어요." 그 말은 합리적일 수도 있다. 사제는 지금까지 로켓을 축복하기 위해 바이코누르에 오고 있다. 그리고 허락되면 승무원을 축복하기도 한다. 나에게는 그런 일이 없었다. 승무원들 모두 거절했기 때문이다. 우리의 사령관인 올레그 까또프가 처음으로 모든 사람을 모아서 말했다. "이봐, 이러한 절차가 괜찮아? 나는 이 전통이 별로 마음에 들지 않는다. 젖은 수염을 흔들면서 나에게 다가오는 것이 꽤 불편하거든." 우리는 그 말에 동의했다. 내가 사령관이었던 두 번째 비행 시에 나도 똑같이 사람들의 의견을 물어보고 사제로부터 축복받는 것을 거절했었다. 그 당시 우리 팀의 승무원들은 세 사람 모두 서로 다른 믿음을 가지고 있었다. 미국인은 침례교이고 이탈리아인은 카톨릭인데 신앙은 내적인 문제이며 보여주기식 쇼가 필요하지 않다고 생각했다.

그런 다음 이미 말했듯이 발사 전날 전통이 있다. 호텔 문에 사인을 하고 연예인처럼 "지구인" 포토 세션도 갖는다. 조립 및 시험 빌딩으로 가는 길에 버스에서 아내가 만든 동영상을 보여준다. 그 동영상에는 자연스럽게 친구, 친척 및 지인들이 등장한다. 다른 승무원들의 동영상을 볼 때 개인적으로 모르는 사람들이 좋은 비행을 기원해주는 것을 보는 것도 정말 즐겁다. 내 차례가 되었을 때 아내는 "우리 라디오" 방송국과 함께 유명 뮤지션들의 축하메시지를 준비했었다. 내가 기억하는 한 그 동영상에는 러시아의 유명한 밴드인 "니촤스트니 슬루차이*"와 브레인 스톰**이 있었다. "블리가드의 쎄***"의 세르게이 갈라닌은 콘서트 중에 바로 축하 메시지를 했다. 마이크를 홀로 향하게 해서 거기에 있는 수천 명의 사람들이 있었고 모두가 "시료가(Seryoga)****, 가자!"라고 외쳤다. 매우 즐거웠고 우리가 환영받고 사람들에게 필요한 일을 하고 있다는 것을 알고 나서는 감사했다.

그런 다음 우주복을 입고 문제없음을 확인한 뒤 유리벽을 통해 친척, 친구 및 승무원을 보러 오는 경영진과 몇 마디 주고받는다. 로켓으로 가는 길에 또 다른 전통이 있다. 옛날 유리 가가린이 발사장으로 가는 도중 버스를 세우고 잠시 머물렀던 곳이 있던 땅이 움푹 팬 곳이 있다. 로켓으로 가는 버스는 거기서 정차하여 우주비행사에게 간단한 의식을 수행할 기회를 제공한다. 그러나 내 기억에 가가린처럼 행동하는 사람은 거의 없었다. 개인적으로 강사에게 담배를 요청했다. 상상해보라. 밤에 로켓이

발사 10일 전 우주선 첫 적응 훈련 후의 소유즈 MS-05의 승무원들
(사진: 안드레이 쉘핀/CPC)

빛나고 있고 우주비행사는 서서 담배를 피우고 있다. 이러한 광경이 나에게는 매우 멋있었다. 그래서 두 번째 비행 시 나는 바로 담배를 달라고 해서 여기 서있는 동안 피우겠다고 했다. 나만의 전통이 시작된 것이다.

마지막에 또 다른 의식이 생겨났다. 로켓에 올라가기 위해서 첫 계단에 발을 얹어놓으면 수석 디자이너가 펜델(진자의 추)을 준다. 이는 비행을 축복하는 전통으로는 충분히 강한 의식이다. 이 전통이 어디에서 왔는지 모르겠다.

어쨌든, 행사는 여기서 끝난다. 이제는 우주선에서 일할 차례다. 우주비행사들이 함께 모여 있고, 함께 벨트를 채울 때 한 친구가 다가와서 몇 장의 사진을 보여주고 사인을 받기는 한다. 하지만 우주비행사들은 이미 모든 것을 완벽하게 점검하고 주위를 둘러보고 있다. 제자리에 있나? 좋아! 준비됐나? 준비됐다. 훌륭해! 그럼, 가자!!

053 우주정거장으로 갈 때 우주비행사는 주로 무엇을 가져가나요?

당신은 무게로 1kg이하, 부피로 1L 이하를 가져갈 수 있다. 또한 가족들은 프로그레스 화물선으로 당신에게 거의 동일한 양을 보낼 수 있다. 대부분 견과류, 말린 과일, 초콜릿, 과자 등 모든 종류의 과자를 보낸다.

우주비행사는 보통 무엇을 가지고 가나요? 선물과 기념품을 가지고 간다. 예를 들어, 첫 비행에서 나는 친구들에게 어떤 기념품을 가져갈지 오랫동안 생각했다. 그래서 나는 친구들 사진을 우주정거장에 가져갔고

우주정거장에 걸려있는 모스크바 스파르타 페넌트

그 사진을 가지고 지구를 배경으로 사진을 찍은 다음 사진에 이렇게 기록
했다. "친구들아! 첫 비행을 위해 10년을 기다렸고, 준비하면서 나를 도와
준 너희들에게 매우 고맙다. 너희들은 우주에서 나와 함께 있었다고 말하
고 싶다." 우주정거장의 스탬프가 찍힌 사진과 지구의 배경에 대한 사진
이 선물이 되었다. 거의 모든 개인 소지품은 이러한 것과 비슷한 기념품
이다. 기념품 중에는 내 모교인 모스크바 국립대학의 페넌트도 있고, 내
가 팬인 모스크바 스파르타크축구클럽의 페넌트 등이 있다.

물론 화물의 특성상 제한이 있다. 무중력 상태일 때 부스러기가 되어
눈이나 폐에 들어갈 수 있는 느슨하고 부서지기 쉬운 것들은 가져가면 안
된다. 예를 들어 설탕은 허용되지 않지만 막대 사탕은 허용된다.

세르게이 랴잔스키 : "원숭이들이 ISS를 점령했습니다.
모두들 행복한 만우절! 더 자주 웃으세요."

　　때때로 승무원의 심리 지원 그룹은 우리를 격려하거나 기억에 남는 행사를 위해 온갖 이국적인 것들을 우리에게 보낸다. 새해에는 토끼 귀 또는 스노우 메이든(Snow Maiden)* 의상을 보내기도 한다. 두 번째 비행에서는 스파이더 맨 슈트, 미니언 슈트, 털복숭이 원숭이 슈트를 보내왔다. 나는 만우절 집회 때 우주정거장이 원숭이에 의해 정복되었다고 인스타그램에 올렸더니 사람들이 매우 즐거워했다.

　　일반적으로 우주정거장에는 지구를 생각나게 하고 우리의 특정한 삶

---

* 1880년 사이에 작곡된 러시아 오페라. ― 역자 주

을 더 평범하게 만드는 충분한 것들이 있다. 기타 두 개, 전자키, 축구공, 농구공, 커다란 풍선 지구 등이다. 우스꽝스러워 보이지만 우주비행사에게는 그러한 물건이 가치가 있다. 왜냐하면 앞으로 당신은 지구에서 살 것이고 지구에서 일할 것이고 이미 이 모든 것은 당신 것이기 때문이다.

054 이륙 중에 발생할 수 있는 비정상적인 상황은 어떻게 대처하고 있나요?

훈련센터에서 준비하는 동안 비상 상황에 대한 대처방안을 훈련한다. 그러한 비상 상황에 대한 많은 질문들은 여러 번의 국가시험 문제로 나온다.

어떤 일이 발생할 수 있을까? 로켓에 불이 날 수 있다. 1983년 9월 소유즈 T-10 우주선 발사 때 로켓에 불이 붙었다. 그리고 궤도에 진입하는 동안에 발사체 중 한 단계가 고장 날 수도 있다. 1975년 4월 소유즈-18 비행에서 그런 일이 발생했었다. 발사체 중 단 분리가 안 될 수도 있다. 2018년 10월 "소유즈 MS-10"이 그랬다. 실제로 이러한 상황에서 우주비행사는 로켓을 제어할 수 없으므로 우리가 할 수 있는 일은 없다. 우리는 단지 비상 구조 시스템에만 의존할 수밖에 없다. 다행히도 비상 구조 시스템은 실패 없이 작동해왔다. 따라서 우리는 상황을 고칠 준비가 되어 있지 않지만 지상에서는 일어나는 상황에 대해서 어떻게 보이고 어떻게 느끼는지 알려준다. 발사 단계에서 사고가 발생하면 심각한 과부하가 발생한다. 우선 사람이 적은 지역에 착륙해서 우리는 즉시 연락을 취하고

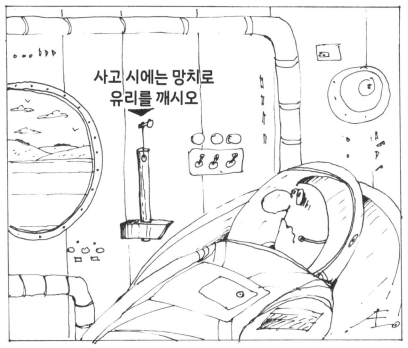

상황과 상태를 설명해야 한다. 그런 다음 구조선을 기다려야 하고 만약 오래 걸릴 것 같으면 우리는 생존 기술을 사용하기 시작한다. 그러나 운 좋게도 이제까지 우주비행사는 생존 기술을 거의 사용할 필요가 없었다.

055 발사대는 어떻게 구성되어 있나요?

소유즈 발사 단지는 거대하지만 여러모로 신중하게 계획된 구조다. R-7 대륙 간 미사일을 위해 세르게이 파블로비치 까랄료프(Sergei Pavlovich Korolev)의 지휘로 지어졌는데, 수많은 수정을 거친 후 처음에는 보스톡

바이코누르 발사장의 "가가린" 발사 단지(사진: 안드레이 쉘핀/CTC)

(Vostok) 발사체로, 그다음에는 바스호드(Voshod)로, 그리고 소유즈로 바뀌었다. 바이코누르 발사장 1번 사이트에는 유리 가가린의 보스톡이 이륙했기 때문에 "가가린"이라고 하는 발사 단지가 있다.

우주선이 탑재되어 있는 발사체는 특수 철도 선로에서 출발하여 운송 되며 설치 장치의 유압잭으로 들어 올려 자동 잠금 그립이 있는 4개의 지 지 구조물에 매달리게 된다. 발사체는 경사진 배플 트레이(baffle tray)[*] 위 에 똑바로 세워져 있다. 똑바로 세워진 다음 서비스 트러스, 케이블 및 충 전 마스트가 연결된다. 등유와 액체 산소 주입이 시작된다. 다양한 미사 일 및 우주선 시스템이 동시에 테스트된다. 관리는 사령부 벙커에서 수행 한다. 단지의 별도 건물에는 압축기 스테이션, 디젤 발전소 및 물 저장고 가 포함된다. 로켓의 하단 부분을 발사하기 위해 착탈식 캐빈이 사용되며 발사 중 특수 틈새에 숨겨져 있다. 발사하기 전에 트러스와 서비스 마스 트가 수축되고 엔진의 추력이 로켓의 무게를 이겨낼 만큼 올라가면 카운 터 웨이트로 인해 지지 마스트가 측면으로 갈라진다.

모든 것이 단순해 보이지만 실제로는 전문가의 지속적인 감독이 필요 한 수천 개의 독창적인 하이테크 시스템으로 이루어진 복합체다. 발사 당 시에 발사장은 시계처럼 정확하게 작동한다.

056 소유즈 우주선은 어떻게 생겼나요?

소유즈 우주선은 세 부분으로 구성된다. 위에서 아래로 보면 다음과 같이 배열된다. 제일 위쪽은 궤도선, 그 아래에는 귀환선 있는데, 우주비행사 가 우주선을 우주로 발사할 때나 다시 지구로 귀환할 때 탑승하는 곳이

---

[*] 발사체(로켓)를 올려놓는 칸막이가 있는 발판이다. ─ 역자 주

우주로 날아가는 소유즈 MS-04 우주선

다. 더 아래 부분은 소유즈 우주선에 필요한 엔진, 산소공급장치 등을 포함해서 모든 장비들이 있는 기계선이다.

로켓에 장착되는 소유즈는 헤드 페어링으로 덮여 있다. 헤드 페어링에는 고체연료를 사용하는 회수엔진이 장착된 비상 구조 시스템이 있다. 비행 시작 또는 비행 첫 몇 분 동안 발사 사고가 발생하는 경우 우주선을 발사체(로켓)에서 분리시켜서 멀리 떨어진 곳으로 가져가도록 한다. 발사 2분 후 포탑*과 페어링이 분리된다. 이 이후에 만약 사고가 발생하면 우

---

* 승무원이나 우주선을 보호하는 동시에 다양한 방향으로 회전하고 우주선을 발사체에서 분리할 수 있도록 하는 장치. ─ 역자 주

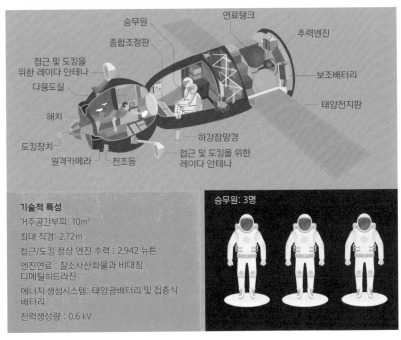

기술적 특성
거주공간부피: 10m³
최대 직경: 2.72m
접근/도킹 정상 엔진 추력 : 2,942 뉴튼
엔진연료 : 질소사산화물과 비대칭
디메틸히드라진
에너지 생성시스템: 태양광배터리 및 접충식
배터리
전력생성량 : 0.6 kV

승무원: 3명

소유즈 MS 우주선의 구성과 특징

주선 전체가 로켓에서 분리되어 탄도 궤도를 따라 대기에 진입한 뒤 우
주선의 다른 부분은 분리되고 귀환선만 표준 절차에 따라 낙하산으로 착
륙한다.

귀환선에는 어떤 것들이 있나요? 골동품 자동차 전조등 모양의 귀환
선에는 3개의 승무원 의자와 우주선을 제어하는 데 필요한 모든 장비가
포함되어 있다. 텔레비전 및 라디오 통신 시스템, 배터리도 있다. 외부에
서 일어나는 일을 볼 수 있는 두 개의 현창(둥근 창)이 있다. 그리고 여기에

---

* 엔진의 추력 단위.—역자 주
** UDMH라고도 하며 북한, 중국, 러시아 등에서 로켓의 연료로 사용하는 화학물질.

는 구조자가 즉시 접근할 수 없는 지역 어딘가에 비상 착륙을 할 때 사용할 비상 물품을 저장한다. 우주비행사는 대기에 들어갈 때 귀환선의 움직임을 제어할 수 있다. 이를 위해 올바른 방향을 유지하는 액체 엔진이 장착되어 있다. 착륙을 위해 낙하산과 고체 추진 연착륙 엔진이 사용되며 지상에 닿기 전 마지막 순간에 작동된다.

궤도선은 다 막혀 있으며 궤도에 머무르는 동안 우주선의 일부로 남아 있지만 대기에 들어가기 전에 분리된다. 윗부분에는 우주정거장과의 도킹을 위한 노드가 있다. 우주선에서 우주정거장으로 가는 통로를 위한 관통해치가 있다. 궤도선은 우주유영 중에 에어록으로 사용할 수 있다. 또한 발사대에서 발사를 기다리고 있을 때 우주선에 들어갈 수 있는 특별한 해치도 가지고 있다. 즉, 궤도선을 통해 우리가 우주선에 들어가는 통로로 사용되지만 나중에는 필요한 경우 우주에 남겨 둘 수 있다. 도킹 장치 옆에는 수동 도킹에 사용할 수 있는 기포 모양의 창이 있다. 궤도선 외부에는 레이더 시스템의 안테나가 장착되어 우주정거장이나 다른 우주선에 접근하는 데 도움이 된다. 그 외에도 생명 유지 시스템, 제어판 및 위생 품목이 있다.

기계실(또는 서비스실이라고 함)은 개방형 트러스 구조를 통해 아래에서 귀환선에 연결된다. 여기에는 구획분리용 장치, 무선 안테나, 발사 전 지상 장비 연결용 커넥터, 산소를 공급하는 실린더가 포함되어 있다. 기기 조립 부분의 윗부분은 큰 드럼처럼 보이며 밀봉되고 불활성 가스로 채워져 있다. 그곳에서 설계자들은 무선 장비, 원격 측정 시스템, 배터리 및 전원 공급 장치, 열 제어 모듈, 우주선의 이동 및 방향 장치를 위한 선반을

우주정거장에 도킹하는 소유즈 MS-05 우주선

배치했다. 계기 조립실의 아래에는 연료 탱크, 자세 제어 로켓 모터, 수렴 교정 엔진 및 복사에 의해 과도한 열을 우주로 방출하도록 설계된 라디에이터가 포함된 추진계가 있다. 또한 태양광 패널은 헤드 페어링 아래에 접혀 있다가 궤도 진입 후 펼쳐지게 된다.

소유즈 우주선은 우주비행 역사상 가장 신뢰할 수 있고 안전한 것으로 알려져 있다. 그리고 그것은 끊임없이 현대화되고 있다. 나는 소유즈-TMA 및 소유즈 MS 변형모델을 비행해본 경험이 있다. 소유즈-TMA에는 새롭게 장착된 길쭉한 좌석이 있다. 이 좌석은 조종실에 체격이 다른 모든 우주비행사를 수용할 수 있다. 동시에, 의자 자체에는 각 우주비행사에게 맞을 수 있게 삽입 요소가 장착되어있어, 우주정거장으로 올 때 타고 온 우주비행사뿐만 아니라 지구로 돌아갈 때 탑승할 우주비행사가 체격이 달라도 타는 것에 문제가 없다. 소유즈 MS에서는 더 현대화되었다. 태양전지판을 변경하고, 도킹시스템을 재정렬하고, 무선 장비와 컴퓨터 장비를 업데이트하고, 추가로 운석 보호 장치를 설치했다. 이제 이것은 가장 현대적인 우주선이며 60년대에 설계된 소유즈(Soyuz)와는 매우 달라졌다.

소유즈 우주선은 앞으로도 오랫동안 우리에게 도움이 될 것이라고 생각하며 언젠가는 달 주위의 비행을 위한 최신 모델이 나올 것이다.

057 소유즈에 세 명의 우주비행사가 탑승 가능한가요?

탑승이 쉽지는 않다. 귀환선은 실제로 매우 비좁다. 무릎이 귀 근처에 올 정도로 꿇고 앉아야 한다. 내 키는 177cm이기 때문에 그런대로 괜찮았지만 파올로 네스폴리는 190cm이다. 실제로 그가 몸을 웅크리고 있을 때 얼마나 힘들지 느낄 수 있었다. 젊은 우주비행사들이 강사들에게 좌석이 매우 불편하다고 얘기를 하면 강사들도 변경되어야 한다고 얘기한다. 그러나 그것은 편안함을 위해 고안된 것이 아니라 안전을 위해 고안된 것이다. 고안된 좌석에 앉는 자세는 높은 중력에서 생존을 보장하며, 미안하지만 편안함보다 훨씬 더 중요하다.

이러한 비좁은 조건에서 정상적으로 작업하려면 미리 준비해야 한다. 각자가 어디에 앉아야 하는지를 알게 되면 각자에 맞게끔 우주선을 개조하는 과정을 거치게 된다. 첫 번째 개조 후 앉아보고 더 필요한 것이 있으면 요구 하게 된다. 그러면 일부 장치를 교체해야 하는 경우 다시 한번 모

두 번째 비행 시 소유즈 MS-05 귀환선에 탑승한 세르게이 랴잔스키

든 것이 제대로 바뀌었는지 확인할 수 있다.

다행히도 3명의 우주비행사가 모두 옆사람과 팔꿈치를 서로 맞대고 앉아있는 시간은 최대 8시간 이상 지속되지 않는다. 또한 궤도 보정을 위한 엔진의 임펄스 사이에는 40분 정도의 시간이 있다. 이 때 승무원들은 "위생"을 위한 시간을 가질 수 있다. 이 시간 동안 의자를 떠나 음식과 주스가 공급되는 칸으로 이동할 수 있으며 거기에는 화장실도 있다. 그런데 음식이나 주스보다 화장실 갈 일이 더 많다.

궤도를 바꾸려는 임펄스를 줄 순간이 오면 모든 사람이 자신의 자리로 돌아가 올바른 자세를 취하고 우주선의 중심을 방해하지 않도록 버클을 잡아야 한다. 그런 다음 또 다른 "위생" 일시 중지가 있을 수 있다.

058 소유즈에서 어떤 기준으로 승무원의 자리를 배치하고 각각 어떤 역할을 하나요?

중앙에는 사령관이 앉는다. 사령관은 보통 조종사 또는 과거에 우주비행을 한 경험이 풍부한 비행 엔지니어다. 왼쪽 좌석은 공학 전문가인 우주비행사가 차지한다. 오른쪽 좌석은 연구원을 위한 것이다. 즉, 우주선 입장에서 보면 승객에 불과하다. 우주선에서 아무 일도 하지 않고 우주정거장에 도착한 후에만 필요한 작업을 하는 사람이다. 내 경우에는 첫 비행 때에는 과학자(연구원)로서 우주비행을 했지만 기준에는 맞지 않지만 오른쪽에 앉지 않고 왼쪽에 앉았다. 두 번째 비행 때에는 승무원의 사령관으로서 중앙에 앉았다. 공학 전문가도 아닌데 역사상 최초의 비행 엔지니어가 되었고, 사령관이 된 최초의 과학자였다.

사실상 탑승한 모든 승무원에게는 자기 역할이 있다. 오른쪽 좌석에 앉았더라도 시간을 모니터링하고 다음과 같은 정보를 제공한다. "여러분, 궤도 조정을 위한 임펄스가 15분 남았다." 만약 과부하가 심해서 약간 혼미해지는 동료가 있으면 그를 잘 돌봐줘야 한다. 또는 동료 승무원의 행동을 계속 지켜보고, 우주선에 있는 문서를 손가락으로 훑어본다. "어이! 내가 못 봤는데 이 명령을 내렸어요? 내렸다구? 그러면 좋아, 아주 좋아요!" 그러니까 오른쪽 좌석에 앉아있는 사람은 관찰자의 역할이 추가되고 실수하지 않도록 동료 승무원을 보호하게 된다.

또 있다. 예를 들어 긴급 상황이 발생한다고 하자. 나는 설명서에 따라 무언가를 계속해야만 해서, 오른쪽 좌석에 있는 사람에게 도움을 요청한

다. "파올로! 통신 시스템에 대한 문서를 열어봐주세요." 그러면 그는 문서를 펴서 비정상적인 상태에 대한 대처를 어떻게 하는지 읽어준다. 쉽게 말해서, 모든 승무원은 자신의 역할이 있고 다른 동료들에 대한 자신의 "책임 영역"을 찾는다는 것이다. 우주선에 쓸모없는 사람은 없다.

059 이륙은 어떻게 이루어지나요?

이륙하는 느낌은 거대한 엘리베이터를 타고 올라가는 것과 비교할 수 있다. 속도가 느껴지지 않고 진동이 거의 없다. 로켓은 아주 부드럽게 움직인다. 그러나 소유즈 MS-05에 우리 승무원과 같이 간 미국인 우주비행사 랜돌프 브레즈닉(Randolph Breznik)은 단순 충격을 받았다. 왜냐하면 그는 우주 왕복선이 발사될 때와 그것이 궤도에 진입할 때까지 얼마나 흔들렸는지 알고 있기 때문이다.

발사 2분 후, 첫 번째 단계로 로켓의 측면 모듈이 떨어져 나간다. 두 번째로 중앙 모듈이 분리되고 세 번째가 작동하기 시작한다. 이때가 되면 당신은 더 이상 더 밀어올려지는 느낌을 받지 않을 것이다. 단지 등 쪽으로 약간의 타격감만 있을 뿐이다.

일반적으로 로켓의 발사와 달리 우주선이 궤도상에서 추력기를 사용하는 것은 위치를 이동하기 위함인데 이는 역학적으로 반작용을 활용하는 것이다. 우스개 소리지만 만약 반작용을 활용하지 않는다면 거대한 등유 통에 앉아서 아마도 매우 큰 "붐-붐-붐(폭탄 터지는 소리)"을 듣게 될지도 모른다. 정확히 528초 후, 당신은 무중력 상태에 들어가게 된다. 바로 당신이 거꾸로 매달려 있다는 착각이 생긴다. 중력이 사라지면 몸속의 액체가 머리로 몰리기 때문이다. 처음에는 불쾌하고 이해할 수 없지만 금방 익숙해진다.

이륙하는 동안 우리는 로켓을 제어하지 않지만 모든 단계에서 그것이 어떻게 작동하는지 관찰한다. 첫 번째 단계 분리, 두 번째 분리, 세 번째 분리에서 어떤 시스템이 켜져 있고 어떤 시스템이 켜지지 않았는지 주의 깊게 지켜본다. 무중력의 지표 역할을 하는 장난감이 둥둥 뜨면 이는 우리가 확실히 우주상의 궤도에 있음을 의미한다. 시스템이 정상 상태이고

소유즈 TMA-10M 우주선을 탑재한 소유즈-FG 로켓 발사
(사진: 안드레이 쉘핀/TsPK)

누출이 있는지 테스트가 시작된다. 그런데 만약 갑자기 어딘가에서 새는 경우가 있나요? 예를 들어, 해치가 제대로 닫혀있지 않으면 압력이 감소하게 된다. 이것은 우리가 발사 후 즉시 지구로 돌아 가야한다는 것을 의

미한다. 할 수 있는 것이 아무것도 없다. 물론, 우주선과 모든 시스템은 높은 수준의 신뢰성으로 만들어지고, 자동으로 작동하며, 우리는 그들을 신뢰해야 한다. 그러나 우주에서는 어떠한 일도 발생할 수 있기 때문에 지속적인 모니터링 없이는 성공할 수 없을 것이다.

통신 세션이 시작되자마자 우리는 즉시 지상에 있는 비행책임자에게 즉시 보고해야 한다. "지구, 모든 것이 순조롭게 진행되고, 누출도 없고, 장갑을 벗고, 압력 헬멧을 열었고, 연료는 정상이며, 붐이 확장되고, 도킹할 준비가 되었다."고 자세히 설명한다. 승무원들을 위한 우주선의 상태에 대한 일련의 기술적인 지표가 정의되어있는데 만약 불일치가 생기면 신속하게 보고해야 한다. 정상 범위를 넘어서는 지표가 생기면 임무제어센터는 이것이 비행을 지속하는 데 얼마나 중요한지 결정해야 한다. 대부분의 경우는 장비의 문제로 밝혀진다. 비록 많은 경우에 문제가 없는 것으로 밝혀지지만 아직도 우주로 들어가는 것은 극한 상황이다. 예를 들어, 첫 비행에서 무선 통신이 주기적으로 끊기다가 완전히 사라진 적이 있다. 두 번째 비행 중에는 통신 연결도 1분 동안 끊겼고, 우주정거장에 도킹된 소유즈 우주선 내의 컴퓨터가 중단된 적도 있다. 통신을 끊고, 재부팅하고, 기록된 정보를 잃기도 했다. 그래서 그것을 진지하게 다시 테스트해야만 했다. 동시에 임무제어센터는 우리보다 더 걱정이 많다. 컴퓨터가 고장 나면 수동으로 우주선의 궤도를 바꾸어야 하는데 이것은 매우 어렵고 힘이 드는 작업이기 때문이다. 그러나 결국 모든 것이 해결되었고 도킹은 아주 멋있고 정상적으로 이루어졌다.

060 이륙 시 창밖을 내다 볼 수 있나요?

이륙할 때 현창(창문)은 로켓의 페어링으로 덮여 있으며 아무것도 볼 수 없다. 그러나 귀환할 때에는 왼쪽과 오른쪽 좌석에서 보면 창문 뒤에서 무슨 일이 일어나고 있는지 명확하게 볼 수 있다. 사령관은 무엇보다도 승무원을 관찰하기 위해 약간 뒤로 앉아있기 때문에 안타깝게도 이 순간에는 아무것도 볼 수 없다.

그러나 나는 내 얼굴에서 10cm도 안 떨어진 현창 옆에 앉아 있었던 첫 비행을 기억한다. 플라즈마*가 바깥에서 유리 위로 기어올랐다. 아침에 일출이 일어났고, 태양의 첫 번째 광선은 믿을 수 없을 정도로 아름다

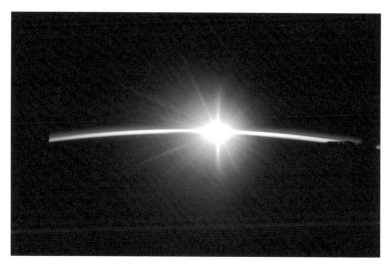

소유즈 MS-05 우주선에서 본 지구의 아침

---

* 이온화된 즉 핵과 전자가 분리되어 돌아다니는 기체. — 역자 주

왔다. 그러나 실제로 어느 시점부터 당신은 대기에 던져진 작은 공에 앉아 있다는 것을 깨닫게 되고, 우주선의 움직임 때문에 그 주위의 공기조차도 뜨거워지는 빠른 속도로 움직이고 있다는 사실도 이해하게 된다. 물론 흥분으로 덮이는 이 순간은 영원히 기억될 것이다.

061 이륙 중 소유즈 내부 온도는 어떤가요?

그것은 모두 외부 조건에 달려 있다. 겨울에 출발을 준비할 때 소유즈는 완전 난방상태이고 여름에는 냉방상태에서 일한다. 그러나 보통 바이코누르에서는 더위가 기승을 부리곤 하는데 에어컨 시스템이 종종 막혀서 대처할 수 없는 경우도 있다. 보통은 16°C에서 18°C 정도 되지만 이때는 최대 30°C까지 올라가곤 한다.

일반적으로 소유즈 안에서는 편안하다. 궤도에 진입한 후 우주선의 라디에이터가 작동하기 시작하여 정상 온도를 복원하고 과도한 열을 우주로 배출하여 인간에게 더 적합한 조건이 된다. 사실, 너무 추워서 승무원들이 우주정거장으로 이틀간 철수한 적도 있었다는 이야기를 들었지만, 내가 소유즈로 비행하는 중에는 6시간 정도 걸리는 빠른 일정으로 갔기 때문에 불편함을 느낄 시간이 없었다.

062 소유즈에 부드러운 장난감을 가져간다고 하는데
그 이유는 무엇인가요?

무중력 표시기다. 우주비행사들은 옛날 전통에 따라 그것들을 우주선에 가져간다. 1990년대 초 미국인들이 중력이 없을 때 발생하는 효과를 증명하기 위해 우주에서 학생들에게 강연을 할 때 어린이 장난감을 사용했다고 한다. 그리고 누군가 농담으로 그런 장난감을 "무중력 표시기"라고 불렀다. 승무원 각자가 직접 장난감을 고르기도 하고 그것은 마스코트가 되기도 한다. 예를 들어, 나의 첫 비행에서 "무중력 표시기"는 작고 검은 고양이였는데, 배에 6개의 점이 있었다. 그 고양이는 이미 올레그 까또프가 우주로 데려 간 적이 있고 사령관 디마(Dima)와 레라(Lera)의 아이들이

우주정거장에서 "스푸트니크-1" 미니어처 모델을 들고 있는 세르게이 랴잔스키

그 마스코트를 선택했기 때문에 그 고양이는 이미 세 번째 비행을 한 셈이다. 그래서 그 인형은 자신의 이름을 갖게 되었는데 바로 딤러(Dimler)였다. 내가 사령관으로 우주로 들어갈 때 이 고양이 요정을 가지고 가기로 결정했다. 그 이유는 내가 자주 연주하던 유리 꾸낀(Yuri Kukin)의 노래 〈작은 요정〉을 기리기 위해 가족들이 선택해주었기 때문이다. 물론 장난감은 전문가가 검사하고 인증해야 한다. 양모가 없고 부러지더라도 채워져 있는 알갱이가 흩어지지 않아야 한다.

"표시기"는 고무줄 밴드에 매달려 있다. 로켓이 올라가면 과부하로 고무줄이 조여진다. 우주선이 로켓에서 분리되자마자 무중력 상태가 시작되고 장난감이 갑자기 앞뒤로 흔들리기 시작한다. 이는 우리가 우주에 있음을 의미하므로 우주선, 통신 등을 확인하는 절차를 시작한다.

우주비행사들 사이에서 마스코트 장난감이 유행했었다. 승무원용 말고도 그들은 종종 지구에 남아있는 가족을 기쁘게 하기 위해 개인적인 "무중력 표시기"를 가지고 간다. 두 번째 비행에는 3가지가 있었다. 나는 고양이 요정, 랜돌프는 미국 국기 색으로 그려진 곰, 파올로는 플라스틱 변압기였다. 러시아 당국은 첫 번째 위성의 미니어처 모델을 마스코트로 사용하기를 원했다. 왜냐하면 우주정거장에 머무르는 동안 기념일 (스푸트니크 발사 60주년)이 겹쳤기 때문인데, 2017년 9월 소유즈 MS-06에 탑승한 알렉산더 미수르킨(Alexander Misurkin) 승무원에게 이 영광을 맡기기로 결정했다.

063 로켓이 우주정거장에 도달하는 데 얼마나 걸리나요?

정확하게 말하자면 로켓이 아니라 우주선이 우주정거장까지 가는 것이다. 우주정거장 도착 시간은 선택한 탄도 계획에 따라 다르다. 처음에 우주선은 고도가 약 200km인 궤도로 발사되고 정거장은 400km이상에 위치한다. 지구 주위의 속도가 다르기 때문에 몇 가지 궤도 조정이 필요하다.

　우주정거장까지 가는 코스는 "긴 코스"와 "짧은 코스"가 있다. "긴 코스"는 예전부터 사용했던 방법인데 2일 이상 또는 34번의 궤도 공전이 소요된다. 처음 두 번의 궤도 공전에서 우주비행사는 소유즈를 테스트하는 작업을 수행한다. 어떤 부분이 발사 때문에 부정확하게 되었는지를 확인할 필요가 있기 때문이다. 태양 전지판이 열리고 도킹 로드가 펼쳐진다. 승무원은 확인 결과를 임무제어센터에 보고한다. 모든 것이 잘되면 3번째 및 4번째 궤도에서 발사의 부정확성을 제거하고 우주선과 우주정거장의 각속도에서 원하는 차이를 설정하기 위해 보정 기동이 수행된다. 그리고 나서야 우주비행사들은 우주복을 벗고, 귀환선에 들어와서 휴식을 취할 수 있다. 다음 보정은 일반적으로 17 또는 18번째 궤도에서 수행된다. 이는 여전히 저궤도에서 느껴지는 상층 대기로 인한 우주선의 감속을 보상할 수 있다. 30번째 궤도에서 임무제어센터는 소유즈와 우주정거장의 이동에 대한 업데이트 된 데이터를 온보드 컴퓨터에 입력하고 우주비행사는 다시 우주복을 입고 모든 시스템을 확인한다. 접근 기동은 30초 회전과 함께 시작된다. 엔진은 순간 임펄스를 내고 우주선은 계산된 "조준점"으로 이동하기 위하여 우주정거장 높이까지 상승한다.

우주선과 우주정거장 사이의 거리가 150~200km로 줄어들면 꾸르스(Kurs) 전파접근시스템[*]이 작동하고 우주정거장을 인식하게 되면 이제 이 데이터에서 모든 매개 변수를 계산하여 새로 계산된 "조준점"을 설정한다. 20km의 거리에서 "조준점"은 우주정거장에서 750m 거리에 놓이게 되고, 8km의 거리에서는 300m에 놓이게 된다. 우주정거장에 접근하면 우주선의 속도가 9km/h로 감소하는데 보행자보다는 빠르지만 자전거 속도보다는 느리다. 우주정거장 주변을 비행하던 소유즈가 도킹 스테이션으로부터 150m 떨어진 지점에서는 상대적으로 움직이지 않는다. 거의 다 왔다!

나는 두 번의 비행 모두 "짧은 코스"라고 하는 다른 패턴으로 비행했다. 우주정거장까지의 전체 여정은 4번의 궤도 회전 또는 6시간이 걸린다. 2013년 3월 소유즈 TMA-08M 비행 중에 처음으로 "짧은 코스"가 사용되었다. 우주 물체의 탄도를 빠르게 계산하고 저궤도에 오래 머무르지 않는 더 진보된 컴퓨터의 사용 덕분에 가능했다. 추력기의 도움으로 첫 번째 기동은 두 번째 공전궤도 시작 부분에서 수행된다. 그러면 우리는 중간 높이에 도달한다. 두 번째 기동은 세 번째 궤도의 시작 부분에 있으며, 그 후 우리는 우주정거장의 높이에 도달하고 즉시 접근을 시작한다. 숨을 쉴 시간조차 없이 이미 우주정거장에 도착했다. 그러나 물론 궤도에 진입한 직후 문제가 발생하면 문제를 제거한 후 전통적인 2일 계획을 사용한다.

---

[*] 우주선들 간의 도킹 시 필요한 거리, 속도 등을 측정해주는 장비로서 1986년부터 러시아에서 개발하여 사용되었다. ― 역자 주

064 도킹은 어떻게 이루어지나요?

우주정거장에 다 와간다. 아까 얘기했듯이 소유즈는 우주정거장의 도킹 스테이션에서 100m 떨어져 있다. 일반적으로 우주정거장에 접근하는 시간은 태양빛이 잘 비춰지도록 선택된다. 이는 자동도킹시스템에 장애가 발생하는 경우 승무원이 수동 모드로 전환하여 상황을 신속하게 수정할 때를 대비하기 위함이다. 그러나 그러한 경우는 매우 드물다. 그래서 훈련 중에 습득한 이러한 기술을 사용할 수 없었다. 아쉬워하는 것이 이기적이라는 것을 알지만 아쉽다.

도킹 절차는 지난 몇 년간의 경험으로 준비된 것이다. 기계식 도킹 시스템은 두 부분으로 구성된다. 하나는 소유즈 궤도선의 이동 해치 덮개에 설치되고 두 번째는 우주정거장 해당 노드에 있다. 우주선 자체의 도킹 메커니즘에는 우주선의 첫 번째 궤도 회전 중에 펼쳐지는 막대가 장착되어 있다. 우주정거장에 있는 메커니즘의 대응 부분은 소켓이 있는 속이 빈 원뿔처럼 보인다. 우주선의 막대가 우주정거장의 소켓 자체에 닿는 것으로 충분하며 막대는 소켓으로 향하게 된다. 물론 약간의 충격이 발생하므로 접촉을 부드럽게 하기 위해 우주정거장과 우주선 속도는 상대속도 초당 10cm에서 35cm로 최소로 감소시킨다. 막대 끝에는 4개의 걸쇠가 있다. 이것이 우주정거장의 소켓에 맞물린다.

충격 때문에 생기는 양쪽 진동이 중단되면 우주선의 막대가 접히고 도킹시스템의 두 부분이 접근하여 서로를 누르기 시작한다. 도킹 프레임에는 8개의 잠금 장치가 있다. 이 잠금 장치가 제자리에 끼워지고 마지막

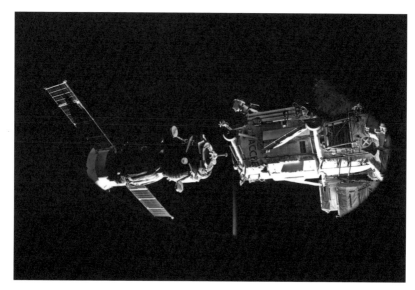

국제우주정거장에 도킹하는 소유즈 MS-05 우주선(사진: 표도르 유르치킨).

으로 두 개의 물체를 함께 당기고 양면에 있는 고무 패킹에서 공기가 빠져 나가는 것을 방지한다. 서로 마주 보는 커넥터의 쌍을 이루는 부분을 통해 우주선과 우주정거장의 전기 회로가 연결된다.

승무원은 2시간 동안 조임 상태를 확인하고 모든 것이 정상이면 내부 해치를 열고 구멍을 통해 우주정거장으로 이동할 수 있다.

우주선이 우주정거장에서 떠날 때는 전체 절차가 역순으로 수행된다. 통로가 닫히고, 자물쇠가 열리고, 막대가 확장되어 소켓에서 나오고, 특수 스프링으로 소유즈를 우주로 던진다.

물론 두 가지 모두 임무제어센터의 통제하에 발생하지만, 우리가 보고 있는 내용을 보고하고 온보드 문서로 확인해야 한다.

065 우주복의 종류에는 어떠한 것이 있나요?

우주복은 역사적으로 새의 이름을 따서 명명되었다. 최초의 우주인 "가가 린"의 우주복만이 SK-1으로 단순하게 불려왔다. 소유즈 우주선의 현대 우주복은 "팔콘(Falcon)[*]"이라고 불리며 우주유영을 위한 우주복은 올란 (Orlan)[**]이다.

"팔콘"은 부드럽고 가볍다. 무게는 10kg에 불과하다. 팔콘의 목적은 우주선의 압력이 낮아지는 경우 우주비행사를 구출하는 것이다. 최초의 소유즈 우주선에서는 선내에서 우주복을 입고 있지 않았지만 1971년 6 월 살류트 역에서 지구로 돌아올 때 소유즈-11 승무원들이 귀환선의 감 압으로 사망했던 적이 있다. 이 비극 이후 모든 우주비행사는 반드시 우 주복을 입고 출발해서 돌아와야만 한다.

"팔콘"은 겉감과 내부 고무의 두 가지 레이어로 구성된다. 헬멧은 접 을 수 있는 투명 바이저와 머리 뒤의 부드러운 패드로 만들어졌다. 우주 복은 전면 개구부를 통해 입는다. 두 개의 지퍼가 있다. 다리 앞쪽에는 우 주상에서 휴식을 취하는 동안 장갑을 끼울 수 있는 주머니가 있다.

우주선을 향해 걸어가는 우주비행사의 사진을 본 적이 있다면 이상하 게 구부러진 모습을 보았을 것이다. 또한 우주비행사가 여행 가방을 들고 버스나 로켓을 향해 걸어가는 것을 볼 수 있다. 내가 종종 연설을 할 때 사 람들에게 이 여행 가방에 무엇이 있을까 물어보곤 한다. 어떤 사람은 물

---

[*] 매.
[**] 러시아말로 바다독수리.― 역자 주

팔콘 우주복을 입고 우주정거장에 탑승한 세르게이 랴잔스키와 승무원

병과 간식이 있다고 대답하고, 다른 사람은 비밀문서가 있다고 얘기하기도 한다. 실제로 이 상자는 배터리로 작동되는 환기장치인 팬이다. 팔콘에는 자체 산소 실린더나 환기 장치가 없다. 보통 우리가 우주선에 탑승할 때 우주복을 기내 생명 유지 시스템에 연결한다. 하지만 소유즈에 탑승하기 전에는 어떤가요? 특히 바이코누르의 여름 더위는? 열 발산이 없으면 당신은 고무 옷 안에서 끓어버릴 수 있다. 과열을 피하기 위해 우주비행사는 이러한 환기 가방을 휴대한다.

올란 우주복은 완전히 다르다. 그것을 입고 당신은 우주 공간으로 나가기 때문에 그것은 작은 우주선처럼 설계되었다. 무게는 112kg다. 거기에는 모든 것이 있다. 가슴을 보호하기 위해 갑옷이 있는데 이는 과도한 압력을 유지하는 단단한 알루미늄으로 만들었다. 우주복은 직사각형 형

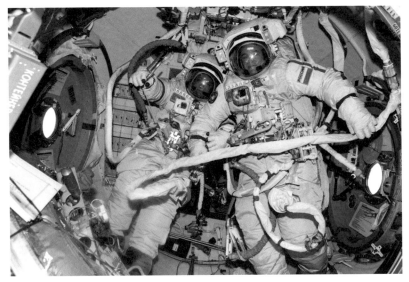

올란 우주복을 입고 나갈 준비를 하는 세르게이 라잔스키와
표도르 유르치킨(Fyodor Yurchikhin)

태로 잘라낸 것이기 때문에 우주복을 입는 것이 아니고 안으로 들어가는 듯이 착용한다. 소매와 다리는 다소 유연하지만 올란이 부풀어지면 팔이나 다리를 구부리는 것이 다소 어렵기 때문에 경첩이 삽입된다. 또한 우주복에는 자체 환기 시스템, 자체 산소 공급 시스템, 이산화탄소에서 공기를 자체적으로 청소하는 시스템인 리튬 카트리지가 있다. 다층 보호 쉘이 맨 위에 놓인다.

헬멧도 알루미늄으로 만들어졌으며 갑옷과 같은 가슴 부분과 함께 전체를 형성한다. 헬멧에는 추가로 광 필터가 있는 이중층 유리창이 있어 태양으로 인해 눈이 부시지 않도록 할 수 있다. 헬멧 상단에는 머리 위에서 무슨 일이 일어나고 있는지 볼 수 있는 또 다른 창이 있다. 헬멧에는 두 개의 손전등이 부착되어있어 야간작업에 도움이 된다. 가슴에는 제어판이 있다. 제어판의 모든 버튼은 거울 이미지로 레이블이 지정되지만 종종 문제를 일으키기도 한다. 작동은 간단하다. 소매에 고정된 거울을 통해서만 원격제어가 가능하며 가독성을 위해 글자를 크게 할 수 있다.

물론, 우주복에는 산소 실린더도 포함되어 있으며 메인 실린더와 예비 실린더로 구성되어 있다. 그것들은 강철로 만들어졌으며 유리 섬유로 강화되었다. 산소 공급은 7시간 동안 우주 공간에서 작동하기에 충분하다. 전원 공급 장치는 자체 배터리 또는 전기 코드를 통해 제공된다. 실수로 우주비행사가 날아가는 것을 방지하기 위해 걸쇠가 달린 짧은 안전 로프가 제공되며, 이 로프는 우주정거장 바깥 쪽 난간에 고정되어야 한다.

최근 내가 우주 공간에 들어갈 때 착용했던 올란 MK(Orlan-MK)는 최신 장비로 자동 열 제어 시스템이 장착되어 있다. 그 전에는 수동으로 제어했지만 이제는 컴퓨터 자체가 내부 온도를 보고 필요한 경우 자체적으로 조정한다. 낮에는 우주복이 매우 뜨거워지고 밤에는 빠르게 냉각되기 시작하기 때문이다. 올란에 들어가기 전에 속옷 위에 수냉식 수트(KVO)를 입는다. 물이 흐르는 관으로 짜여 있다. 몸에서 열을 제거하여 라디에이터로 전달한다. 내부 온도는 이 물의 흐름을 변경하여 제어된다. 또한 컴퓨터는 공급 장치에 있는 산소의 양, 이산화탄소 수준, 압력이 얼마나 증가 또는 감소했는지 주의 깊게 모니터링한다.

일반적으로 현대 우주복은 뛰어난 전문가가 만든 독특한 첨단 기술 장비다. 그리고 물론 그들은 "팔콘"과 "올란"을 현대화하여 더욱 편리하고 다재다능하게 만들 것이다.

CHAPTER 4

국제우주정거장에서의 생활

우주정거장은 어떻게 만들어졌나요?

•

무중력 상태에서 식사는 어떻게 하나요?

•

무중력 상태에서 화장실은 어떻게 사용하나요?

•

처음 우주유영을 할 때 기분이 어땠나요?

•

외계인을 만난 적이 있나요?

066 우주정거장은 어느 고도에서 비행하나요?

국제우주정거장의 정상 고도는 330~440km이다. 실제로 수년 동안 고도 405~410km에서 자전하고 있다. 물론, 이 고도에서 대기의 영향이 여전히 작용하고, 특히 태양 활동과 태양 플레어의 영향으로 "대기의 영향권이 부풀어 오르는" 때를 대비해서 더 높게 유지하는 것이 더 유리할 것이다. 우주정거장의 고도는 지속적으로 감속하고 있으며, 이는 궤도를 보정하지 않으면 제어할 수 없는 추락으로 이어질 수 있다. 그러나 더 높은 곳에는 방사선 벨트가 있어 모든 유기체에 위험을 초래하고, 비행 고도가 증가하면 우주선의 운반 능력을 감소시킨다.

궤도 보정은 즈베즈다(Zvezda) 서비스 모듈의 엔진 또는 프로그레스(Progress) 화물선의 도움을 받아 수행된다. 일반적으로 높이가 수백 미터 정도 증가하지만 이것은 자주 수행된다.

067 우주정거장까지의 거리는 어느 정도 되나요?

모스크바와 상트페테르부르크 사이의 직선거리는 635km다. 지구와 국제우주정거장과의 거리는 410km다. 모스크바에서 그런 거리에는 니즈니 노보고라드(Nizhny Novgorod), 볼로그다(Vologda), 탐보프(Tambov)가 있다. 누군가가 "실제로 수직으로 운전할 수 있다면 차를 타고 우주로 갈 수 있다."라고 말한 적이 있다.

2010년 5월에 찍힌 국제우주정거장(사진: NASA)

068 우주정거장은 얼마나 빨리 비행하나요?

알다시피 궤도를 도는 우주선의 속도는 궤도의 높이에 따라 달라진다. 지구 표면에서 첫 번째 우주 속도는 7.91km/s이고 고도가 400km일 때 7.67km/s다. 이 속도에서 지구 주위를 1회전하는데 걸리는 시간은 92.5분, 즉 대략 1시간 반이 될 것이라고 쉽게 계산된다. 따라서 낮 동안 우리는 우주정거장에서 16번의 일출을 관찰할 수 있다.

069 우주정거장이 추락하지 않는 이유는 무엇인가요?

사실, 우주정거장은 항상 떨어지고 있다. 위성과 우주선이 항상 떨어지고 있는 것처럼 말이다. 그러나 높은 공전 속도로 인해 떨어지지 않고 있을 뿐이다. 행성의 표면에서는 항상 우주정거장으로부터 멀어지는 것처럼 보인다. 그러나 우주정거장의 속도가 (어떤 이유에선가 예를 들어 자연 감속으로 인해) 첫 번째 우주 속도보다 낮아지면 실제로 떨어지기 시작하고 통제력을 잃고 지구에 추락하게 된다.

070 궤도에 떠도는 우주 파편 문제를 어떻게 처리하나요?

주변에는 다 사용된 로켓, 위성, 운석 등의 우주 파편 또는 우주 쓰레기가 너무 많다. 우주 쓰레기는 주로 수천 킬로미터 되는 고도에 분포한다. 그러나 다행히도 우주정거장 높이에는 그렇게 잔해가 많지 않다. 상대적으로 빠르게 속도가 느려지고 대기에서 타기 때문이다. 대형 우주 쓰레기는 특수 지상국에 의해 지속적으로 추적되고 있어서 이 정보를 모니터링하는 임무제어센터는 물체가 접근하면 승무원에게 경고하고 우주정거장은 회피 기동을 수행한다. 궤도 높이를 약간 높이고 동시에 우주정거장 자체를 감속시키면서 문제를 해결한다.

071 회피 기동을 해본 적이 있나요?

우주비행사는 우주정거장의 궤도를 스스로 조정할 수 있는 기회가 있지만 백업 옵션이다. 어떤 이유로 임무제어센터가 기동 데이터를 시스템에 입력하지 못하면 승무원에게 이를 지시할 수는 있다. 그러나 내가 기억하는 한 이제까지 백업 옵션을 사용한 적이 없었다.

072 방사선이 우주비행사에게 영향을 미치나요?

그렇다. 우주에는 다양한 종류의 방사선이 있다. 우선, 태양에서 오는 방사선이 있다. 그것들은 주로 다양한 에너지의 양성자와 일정량의 알파 입자 (헬륨 원자의 핵)로 구성되며, 이는 특히 강한 태양 플레어 중에 위험하다. 다행히도 심각한 상황은 극히 드물다.

다른 유형의 방사선은 은하 우주 방사선이다. 양성자와 알파 입자 외에도 탄소와 철 그룹의 핵이 우세한 거의 전체 주기율표의 원소 핵이 포함된다. 갑자기 들어오는 이 모든 입자들은 매우 높은 에너지를 가지고 있다. 태양 복사는 스스로 떨어지는 비에 비교할 수 있으며 천과 금속으로 만든 우산으로 자신을 보호할 수 있다. 그러나 은하 우주 방사선은 우산을 뚫고 들어오기 때문에 몸에 손상을 줄 수 있는 총알과 같다.

은하 방사선은 "육안"으로 볼 수 있다. 당신이 침대에 누워 눈을 감는다. 그리고 갑자기 눈꺼풀 아래에 밝은 노란색이 깜박인다. 15초 후 밝은 녹색으로 깜박인다. 30초 후에 밝은 빨간색으로 깜박인다. 이것이 은하 방사선이다. 무거운 입자가 망막에 닿아 빛을 발한다. 태양 플레어에는 고에너지 양성자가 포함되어 있다. 이런 일이 발생하는 동안 아침에 승무원들 사이에서 가장 흔한 농담을 한다. "어제 댄스클럽은 어땠어?" 일반적으로 방사선은 실제 수면을 방해한다. 이것을 조절하는 것은 불가능하다. 당신은 그것에 익숙해져야 한다.

지구는 자기장에 의해 우주 방사선으로부터 보호되지만 500km에서 6만 km에 이르는 소위 방사선 벨트(또는 Van Allen 벨트)에 양성자를 유지하기도 한다. 여기에는 방사선 수준이 매우 크므로 우주정거장이나 위성들은 내부 방사선 벨트 경계 아래의 궤도에 배치하는 것이 일반적이다. 미국인들만이 아폴로 달 우주선에서 이 벨트를 통과했지만 방사능 강도가 최소이고 비행 자체가 짧은 극궤도를 사용했다.

이미 말했듯이 매우 드문 강력한 태양 플레어가 발생되면 복사 벨트를 "흔들고" 양성자 폭풍이 시작된다. 그동안 우주정거장 승무원들에게는 보호 기능이 가장 뛰어난 구역에서 일하고 휴식을 취하도록 권고 받는다. 2017년 9월 두 번째 비행에서 그러한 현상이 일어났다. 우주정거장에는 특별한 방사선 대피소가 없지만 즈베즈다 모듈 또는 소유즈 귀환선 차량의 중앙 포스트로 피난할 수 있다. 그러나 끔찍한 일은 없었다. 마치 우리의 비행이 계획된 것보다 하루 더 오래 지속된 것과 같은 양의 방사선 조사를 받은 것과 같을 뿐이다.

이제 방사선 조사량에 대해 얘기해보자. 그것들은 여러 방식으로 계산되고 측정된다. 방사능 또는 방사능률(선량율), 흡수선량(absorbed dose)* 또는 유효선량(effective dose)** 등으로 방사능을 표현하는 용어들을 많이 들었을 것이다. 그것들의 단위도 뢴트겐(roentgen), 라드(rad), 그레이(gray) 및 시버트(sievert) 등 매우 다양하다. 여기서 혼란스러울 수 있다. 실제로 일반적으로 방사선 흡수선량은 rad 단위로 측정된다. 신체에 영향을 미칠 수 있는 최소 조사량은 25rad다. 방사선에 노출되면 생기는 병은 100rad의 복용량에서 발생하기 시작한다. 285rad의 치사량을 고려하면 50%의 경우 사망에 이른다. 모든 것이 조사량에 따라 달라진다는 것은 분명하다. 이러한 조사량을 한꺼번에 받으면 부정적인 결과가 더 강하게 나타난다. 예를 들어 6개월 동안 100rad를 받는다 하더라도 어떤 종류의 종양이 발생할 위험이 증가하는 것을 제외하고는 당장은 심각한 결과를 초래하지 않는다. 관측소에서 정상적인 방사선 조건, 즉 양성자 폭풍이 없는 상태에서 우리는 일반적으로 하루에 0.1rad를 받는다. 이는 지구상의 사람이 1년에 자연 자원에서 얻는 것과 거의 같다.

불행히도 지금까지 어떤 전문가도 우주정거장에서의 방사선 노출이 어떤 장기적인 결과를 가져올지 확실히 말하지 못하고 있다. 결국, 소량

---

* 임의의 방사선 및 임의의 물질에 대해서 적용되는 양으로 단위는 그레이(Gy)이다.

** 조직 및 장기에 따라 다른 방사선의 영향을 고려한 선량으로 단위는 시버트(Sv)이다.

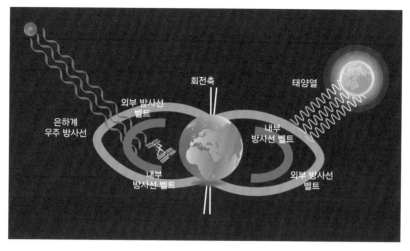

우주 방사선

의 방사선 영향은 개별적으로 다양하다. 그러나 수용 가능한 선량, 방사선이 어떤 영향을 미치는지, 그렇지 않은지에 대한 논쟁이 여전히 남아있다. NASA 표준에 따르면 암을 일으키지 않는 방사선 허용 용량은 15%를 초과하지 않아야 한다고 한다.

그러나 이 위험을 어떻게 결정할 수 있나요? 우주정거장 승무원의 위험이 어떤 기사에서는 5% 증가한다고 하고 다른 기사에서는 20% 증가한다고 주장한다, 누가 맞나요?

다섯 번 비행한 우주비행사가 있지만 방사능으로 인한 심각한 변화는 발견하지 못했다. 반면에 소련의 연구에 따르면 우주 입자는 배아와 발달 세포에 큰 영향을 미친다고 한다. 정상적인 사람은 수십억 개의 세포로 구성된다. 어딘가에서 날아오는 어떤 입자가 DNA의 어느 부분을 손상을 입혔다고 가정해 보자. 그러나 배아에서는 모든 DNA 조각이 중요하다.

미래의 유기체는 무결성에 달려 있기 때문이다. 입자가 왼쪽 다리의 발달을 담당하는 DNA 조각을 손상시켰다고 가정해 보겠다. 결과는 왼쪽 다리가 없이 태어날 것이다. 일반적으로 이미 자녀가 있으면 우주비행사로 우주에 갈 수는 있지만 비행 후 새로운 자녀계획은 포기하는 것이 좋다.

073 우주정거장은 어디에서 에너지를 얻나요?

우주정거장의 유일한 에너지원은 태양광 패널로 태양광을 직접 전기로 변환하는 것이다. 미국과 러시아 모듈에는 자체 전원 공급 장치가 있지만 전압 및 전류 변환기를 통해서 교환도 이루어진다.

미국 모듈에서는 접이식 태양전지패널이 날개 모양으로 조립된다. 총 8개의 "날개(태양전지패널)"가 쌍으로 설치되고 우주정거장의 트러스 구조물에 대칭으로 설치된다. 각 "날개"의 총 면적은 406m²이고 사용 가능한 면적은 298m²이며 발생되는 전력은 최대 33킬로와트다. 첫 번째 "날개" 쌍은 2000년 12월, 우주정거장에 셔틀로 배달되었으며, 두 번째는 2006년 9월, 세 번째는 2007년 6월, 네 번째는 2009년 3월에 운송되었다. 즉, 완전히 장착된 "날개"는 최대 264킬로와트를 생성할 수 있지만 광전지는 하전된 입자의 충격으로 성능이 점차 저하되고 발생되는 전력은 시간이 지남에 따라 감소한다. 실제로 우주정거장 시스템과 과학 장비는 최대 120킬로와트를 소비하지만 "예약"을 통해 제공된다.

미국 모듈에 장착되어 있는 태양전지판은 115~173볼트 범위의 일정한 전압을 생성한다. 그런 다음 124볼트로 변환된다. 제어 시스템은 태양

국제우주정거장의 태양전지패널(사진: NASA)

의 위치를 추적하고 태양전지패널을 회전시켜 최대 에너지양을 얻도록
한다. 우주정거장은 궤도 운행 시간의 약 절반 동안 지구 그림자에 있기
때문에 햇볕이 잘 드는 쪽에 있는 태양전지패널만 장비에 전기를 공급할
뿐만 아니라 니켈 수소 배터리를 충전한다. 이 배터리는 태양이 수평선
아래로 내려갈 때 켜진다. 보통 배터리는 약 6년 동안 작동되지만 첫 번째
세트는 거의 9년 동안 지속되었다.

우주정거장의 러시아 모듈은 소유즈 우주선과 같은 28볼트의 정전압
을 사용한다. 에너지는 자랴(Zarya) 및 즈베즈다(Zvezda) 모듈에 설치된 태
양전지패널에 의해 발생된다. 2개의 자랴 패널은 3킬로와트를 공급할 수
있지만 이제는 미국 모듈 트러스의 방열기를 방해하지 않도록 말아 올렸

다. 그래서 즈베즈다 모듈의 패널이 펼쳐졌다. 그 패널들의 최대 용량은 9.8킬로와트이지만 미국 모듈의 그림자에 있는 경우가 많기 때문에 달성하기가 어렵다.

따라서 우주정거장 건설의 초기 단계에 러시아 모듈에서 미국 모듈에 전기를 공급했다면 지금 상황은 반대가 되었을 것이다. 지금은 미국 측에서 러시아에 공급한다.

074 우주정거장은 어떻게 만들어졌나요?

국제우주정거장은 대규모 구조물을 구축하는 대규모 프로젝트이며 건설이 아직도 진행 중이다.

국제우주정거장의 역사는 1993년 12월 러시아, 미국 및 원래 파트너들이 소비에트 미르(Mir)-2, 미국 프리덤 스테이션, 유럽 콜럼버스 프로그램과 일본 실험 모듈을 결합하는 계획을 승인하면서 시작되었다.

국제우주정거장의 첫 번째 요소는 1998년 11월 20일에 만들어진 러시아의 기능성 화물모듈 자랴였다. 2주 후 셔틀 엔데버(Endeavour)는 6개의 도킹 노드가 있는 유니티(Unity) 노드 모듈을 제공했다. 세르게이 크리칼레프(Sergey Krikalev)를 포함한 셔틀 승무원이 우주정거장을 다시 활성화했다. 2000년 7월 러시아 즈베즈다 모듈이 추가되었고 11월에 첫 번째 상주 원정대가 그곳에서 거주하며 일하기 시작했다. 새로운 셔틀 비행이 이어지고 국제우주정거장은 계속 성장했다. 한 번의 비행에서 7명의 승무원이 탑승한 셔틀이 기성품 모듈, 화물 및 소모품을 배달하였다. 따라서

국제우주정거장 건설 시작: 1998년 12월 자랴 모듈과 유니티 모듈(사진: NASA)

국제우주정거장은 옛날 소련 우주정거장보다 훨씬 빠르게 발전했다. 2001년 2월 미국 실험실 모듈인 데스티니(Destiny), 7월에 퀘스트(Quest) 범용 에어록, 9월에 러시아 도킹 모듈 피르스(Pirs)가 추가되었다.

2003년 2월 1일, 비극적인 사건이 발생했다. 우주에서 임무를 마치고 돌아오는 동안 전체 승무원과 함께 컬럼비아 셔틀이 파괴되었다. 조사가

2002년 10월 컬럼비아 우주 왕복선 침몰 직전의 국제우주정거장 (사진: NASA)

진행되는 동안 우주정거장에 화물을 제공하는 업무는 러시아 우주선이 모두 수행하게 되었다. 사고처리가 마무리되고 NASA의 계획이 수정되었고 미국인들은 향후 셔틀을 포기하기로 결정했다. 그러나 미국 셔틀 도움 없이는 우주정거장을 완성하는 것이 불가능했기 때문에 미국은 나머지 셔틀 비행을 재개하기로 하였고 궤도 비행은 2011년 7월까지 계속되었다. 그곳을 방문한 마지막 셔틀은 아틀란티스였다. 이 6년 동안 우주정거장은 상당히 성장했다. 여기에는 미국 하모니 연결 모듈, 유럽 연구소 모듈 콜럼부스(Columbus), 일본 연구소의 모듈 키보(Kibo), 러시아 소규모 연구 모듈 라스베트(Rassvet) 및 포이스끄(Poisk), 미국 주거용 모듈 트랑퀼티(Tranquility), 유럽 파노라마 관측 모듈 돔(Dome) 및 이탈리아 다목적 모듈인 레오나르도(Leonardo) 등이 포함되었다.

2011년 7월 우주 왕복선 "아틀란티스"의 마지막 방문을 받고 있는 국제우주정거장

(사진: NASA)

오늘날 국제우주정거장의 총 질량은 약 420톤으로 대형 소련 미르 우주정거장보다 3배 이상 무겁다. 이 우주정거장은 2024년까지 적극적으로 이용될 예정이다. 러시아 우주기구는 가까운 장래에 과학 모듈을 추가할 계획이다.

075 여러 나라들이 자체 우주정거장을 구축하지 않고 국제협력을 통해 국제우주정거장을 구축하는 이유는 무엇인가요?

일반적으로 우주개발은 비용이 많이 든다. 러시아도 자체의 우주정거장을 만들 수 있지만 국제우주정거장보다 훨씬 작을 것이다. 우주 내 실험도 다른 국가와 협력하여 함께 수행하는 것이 훨씬 더 경제성이 있음을 보여준다.

또한 공동으로 우주탐사를 하면 협력 파트너들의 자원을 활용할 수 있다. 미국인들은 대형 구조물, 태양 전지판 및 자이로스코프를 더 잘한다. 러시아는 엔진, 생명 유지 시스템 및 우주 화장실에서 더 뛰어나다. 또한 우리는 우주에서 전기, 공급, 과학 장비에 대한 접근과 같은 일부 자원을 교환한다. 일반적으로 서로 돕는다.

함께 일하는 것의 장점은 중국의 예에서 볼 수 있다. 그들도 처음에 국제우주정거장 개발 프로그램에 참여하도록 초대 받았지만 자신의 능력을 평가해야 한다는 구실로 거절했다. 그들은 텐궁 1호(Tangung-1) 실험실을 개발하여 발사했지만, 이는 러시아에서 개발한 최초의 우주정거장 알마즈(Almaz)와 매우 유사하다. 하나의 도킹모듈과 제한된 내부공간을 갖고 있다. 지금은 궤도에 텐궁 1호와 동일한 텐궁 2호 실험실을 가지고 있

2018년 10월의 국제우주정거장(사진: NASA)

다. 거대한 자원, 첨단 기술, 재정 능력을 갖춘 가장 부유한 국가이지만 중국은 거의 반세기 정도 뒤떨어져 있다.

물론 러시아는 중국보다 더 많은 기술적 토대와 업무 경험을 가지고 있다. 그러나 솔직히 말하자면 국제 협력 없이는 오늘날 러시아조차도 소련의 미르와 유사한 정도만 구축할 수 있을 것이라고 확신한다. 그럼에도 불구하고 현재 러시아는 단독으로 대규모 우주 프로젝트를 추진하는 것이 매우 어렵다.

076 화물은 어떻게 우주정거장으로 배달되나요?

우리가 가져 오는 것 외에 모든 것은 무인 화물선으로 배달된다. "유니온(Union)"을 기반으로 제작된 "프로그레스(Progress)" 화물선이 있다. 현재는 최신 버전의 프로그레스 MS를 사용 중이다. 2015년부터 비행 중이며 2.5

국제우주정거장 주변에서 비행하는 프로그레스 MS-01 화물선 (사진: NASA)

지구 근처의 스완 화물선
(사진: NASA)

국제우주정거장에 설치
되어 있는 캐나다 로봇팔
과 연결된 화물선 드래곤
(사진: NASA)

톤을 우주정거장까지 배달할 수 있다.

　미국인들은 백조를 의미하는 스완(Swan) 화물선을 가지고 있다. 컬럼
비아 셔틀 폭발로 인해 NASA의 우주 계획이 수정된 후 제작되었다. 스완
은 2013년부터 비행해 왔으며, 상황에 따라 1.5톤에서 3.5톤까지의 화물
을 우주정거장으로 가져온다. 또한 NASA는 일론 머스크의 스페이스 엑
스(SpaceX)에서 제조한 화물선인 "드래곤(Dragon)"도 사용한다. 2012년부
터 우주정거장까지 비행해 약 3톤을 전달할 수 있다. 또한 유럽 ATV

(Automated Transfer Vehicle) 화물선과 일본 "쿠노토리(Kounotori)*"가 있다. 6톤에서 7톤까지 궤도로 들어 올릴 수 있는 대형 우주선이다.

화물 우주선은 우주정거장에 자주 왕복한다. 예를 들어, 2018년에는 3개의 프로그레스 MS, 4개의 드래곤, 2개의 스완, 1개의 쿠노토리가 우주정거장을 왕복했다. 유럽 화물선은 현재 발사되지 않고 있으며 프로젝트의 현대화가 진행되고 있다.

077 우주정거장 내부는 무엇으로 구성되어 있나요?

모듈의 벽은 패널로 덮여 있다. 패널에는 고무 밴드와 장비용 고정 장치가 달려있다. 컴퓨터는 벽이나 천장에 세울 수 있다. 카메라도 벽에 걸려 있다. 바닥에는 발을 고정할 수 있는 난간과 지구를 보거나 사진을 찍을 수 있는 현창이 있다. 실제로 쓸모없는 벽은 없다.

078 우주정거장에는 누구의 초상화가 걸려 있나요?

러시아 모듈에는 유리가가린, 세르게이 까랄료프(Sergei Korolev)**와 콘스탄틴 치올코프스키(Konstantin Tsiolkovsky)***의 초상화가 있다. 전통적으로 이

---

* 흰 황새. ― 역자 주
** 1907년생으로 1950~1960년대에 있었던 미국과 소련의 우주 개발 경쟁 중의 소련의 수석 로켓 기술자이자 개발자.
*** 폴란드계 러시아인, 로켓 과학자이자 러시아의 우주 계획의 선구자로 우주동역학(Astrodynamics)이란 학문을 창시했다. ― 역자 주

세 초상화는 항상 러시아 모듈의 벽에 걸려 있다. 미국 측에는 죽은 셔틀 승무원들의 초상화가 있는데 마치 이 사람들이 이제 영원히 우주에 속해 있는 것처럼 보인다.

079 우주정거장의 공기는 어디로부터 오나요?

공기는 화물선으로도 가져온다. 우주정거장은 완전히 밀폐되었다고 할 수 없으므로 누출이 지속적으로 발생한다. 동시에, 우리의 산소 공급은 전기분해 장치인 일렉트론-VM(Electron-VM) 시스템에 의해 공급된다. 간단한 전기 분해로 물을 가지고 산소와 수소를 발생시킨다. 이 경우 수소는 즉시 우주로 방출되고 산소는 기지의 대기로 들어간다. 미국인들도 단순히 산소 발생기 시스템이라고 불리는 유사한 시스템을 가지고 있다. 우주정거장 내의 이산화탄소는 공기정화시스템에 의해 흡수된다. 만일을 위해 이 시스템에는 산소 실린더와 압축산소탱크가 포함되어 있다. 문제는 우리는 지구 대기에 포함되어 있는 질소를 복구할 수 없다는 것이다. 그래서 질소는 프로그레스 화물선으로 탱크에 압축시켜서 지구로부터 배달된다.

080 우주정거장의 공기와 지상의 차이는 무엇인가요?

구성면에서 아무것도 다르지 않아야 하지만 우주정거장의 생명 유지 시스템에 의해 규제되는 인공 혼합물과 지구의 대기 사이에는 여전히 차이가 있다. 예를 들어, 정상적인 대기에서는 압력, 습도 및 온도가 낮 동안 상당히 변할 수 있다. 그러나 우주정거장에서는 오히려 이러한 변화가 일부 시스템의 누출 또는 고장을 나타낼 수 있기 때문에 변경사항이 발생되면 이는 비정상 상태로 대처해야 한다.

081 폐기물은 어떻게 처리하나요?

이산화탄소, 수소 및 기타 폐기물은 우주에 버린다. 우리는 고형 폐기물, 즉 모든 쓰레기, 사용된 재료 등은 유용한 부분을 추출한 후 프로그레스에 적재한다. 그런 다음 프로그레스는 우주정거장에서 도킹 해제되고 대기에 진입할 때 쓰레기를 대기에서 불태운다.

082 우주정거장에서는 어떻게 물을 얻나요?

물은 화물선으로도 가져 오지만 자체 내에서 회수하여 사용하기로 한다. SRV-K2M이라는 응축수 회수 시스템을 사용한다. 우주비행사는 숨을 쉴 때 수증기를 내뿜는다고 한다. 내뿜어진 수증기는 수집되어 기술적인 필터를 통과 한 다음 일렉트론-VM에 집어넣어 식용수를 얻어내기도 하고 산소를 발생시키는 데 사용하기도 한다. 미국인들은 소변에서 물을 재생하는 시스템을 가지고 있다. 소변이 수증기보다 "더럽기" 때문에 과정이 다소 복잡하다. 소변은 공업용수와 혼합되어 증기가 될 때까지 끓인다. 그 증기는 회전하는 증류기로 보내지는데 여기서 냉각되고 응축된다.

전기 분해 설비 "일렉트론-VM"과 우주비행사

그런 다음 물은 필터 시스템을 통과하여 마실 수 있게 된다. 물을 얻는 과정에서 염분 및 기타 불순물의 침전물이 여전히 남아 있기 때문에 이것은 귀환하는 화물선에 실어서 없애버린다.

083 열 조절은 어떻게 이루어지나요?

열 조절은 매우 복잡한 시스템이다. 햇볕이 잘 드는 쪽은 뜨거워지고 지구 그림자 부분은 많이 차가워지므로 열 조절 시스템은 이러한 열 차이를 극복하여 우주정거장 내부의 온도를 일정하게 유지해 주어야 한다.[*] 또한 우주비행사와 운영시스템은 열을 발생시킨다. 따라서 우주선 내부 구역별로 튜브가 있고 그것을 통해 열 조절 시스템의 내부 회로로 물이 순환

---

[*] 인공위성의 경우 태양빛이 비치는 면은 영상 120°C, 반대쪽면은 영하 180°C로 약 300°C의 온도차이가 난다. 우주정거장의 경우도 이와 동일한 환경이다. ― 역자 주

한다. 그것으로부터 열은 암모니아를 포함하는 외부 회로로 전달된다. 다음에 그것은 라디에이터를 통해서 복사에 의해 공간으로 많은 열을 방출시키게 된다. 만약 우주정거장이 그늘에 있으면 내부 회로가 반대로 가열한다. 물론, 미리 결정된 유속량에 대한 단열도 제공되므로 열전달 체계에 대한 제어 가능한 상태가 유지된다.

084 우주정거장의 온도는 어떤가요?

우주정거장의 온도는 24°C에서 27°C 사이로 유지된다. 보통 사람이 일정한 온도에 익숙해지면 차이가 조금만 나더라도 매우 강하게 느낀다. 일 때문에 유럽 모듈로 날아갔을 때[*] 엄청나게 추위를 느꼈던 적이 있었다. 그래서 다시 돌아와 재킷을 가져갔다. 나중에 알고 보니 유럽 모듈의 온도는 우리보다 겨우 1°C 정도 낮았다는 것이 밝혀졌다!

085 우주정거장에는 어떤 소리들이 있나요?

무중력에서는 대류가 없다. 즉, 따뜻한 공기가 상승하지 않고 차가운 공기가 하강하지 않는다. 따라서 우주정거장에서는 항상 공기를 강제로 혼합시켜줘야 한다. 왜냐하면 첫째, 온도를 일정하게 유지해야 하고 둘째, 주로 산소 측면에서 공기를 균일하게 구성해야만 하기 때문이다. 이런 까

---

[*] 무중력상태에서는 날아다닌다. ― 역자 주

닭에 우주정거장에는 팬이 많은데 여기서 소리가 많이 난다. 예를 들어 이륙하는 항공기의 소음은 100~110데시벨인데, 우주정거장에서는 67~69데시벨이다. 이 수치는 우리가 익숙해지기 어려운 상당히 높은 소음 수준을 가지고 있다. 따라서 잠자리에 드는 우주비행사는 자주 귀마개 또는 능동 소음 제거 기능이 있는 특수 헤드폰을 사용한다. 그래서 매번 비행 후 모두 동일하게 우리 중 누구라도 청각 감도가 감소한다.

반면에 소음이 일정하다는 것은 우주정거장에서 모든 것이 정상이라는 신호다. 어떤 일이 발생하면 제일 먼저 하는 일은 시스템의 환기장치를 끄는 것이다. 이때 당신은 갑작스런 침묵의 순간을 놓치지 않을 것이다.

086 비행을 마칠 즈음에는 소음이 신경 쓰이나요? 익숙해지나요?

물론 익숙해진다. 즉 소음이 무의식적으로는 신경 쓰이지 않고 항상 존재하는 배경 잡음과 같이 들린다. 그러나 배경 잡음의 작은 편차는 문제가 발생했다는 것을 나타낸다. 예를 들어, 일부 펌프가 더 큰 소음을 내기 시작한다면 대부분 고장이 났다는 얘기고 곧 교체해야 한다. 숙련된 우주비행사는 소음 변화에 대한 기술적 진단을 수행할 수 있다.

소음 외에 다른 소리는 없다. 당신이 라디오, 음악 또는 영화를 켤 때 직접 다른 소음을 만들어 낼 뿐이다.

087 비행 중에 고장 난 부분이 있었다면 소음으로 인해 알게 되나요?

고장은 항상 발생한다. 그리고 각 장치는 자체 방식으로 소음을 낸다. 그러면 우리는 밸브를 돌리고 펌프를 켜거나 끄거나 하면서 대처한다. 우리는 "정상" 소음이 무엇인지, "비정상" 소음이 무엇인지 정확히 알고 있다.

088 무중력에 익숙해지는 방법이 있나요?

알다시피, 사람은 무엇이든 익숙해질 수 있다. 어떤 사람들은 처음에 어려움을 겪지만 결국 모든 사람들이 그것에 익숙해진다. 그러나 그것을 다른 방식으로 말할 수 있다. 무중력에 익숙해지는 것은 불가능하다. 하늘을 자유롭게 날아다니고 싶은 어린이의 꿈이 실현되는 것처럼 매우 특이한 경험이다.

089 우주에 있는 동안 우주비행사들이 일반적으로 저지르는 실수는 무엇인가요?

무심코 물체를 평평한 표면에 놓거나 놓으려는 반사적 욕구가 있다. 그러나 사실, 당신은 주위에 무중력이 있다는 사실에 빨리 익숙해진다. 모든 것이 떠다닌다. 테이블 위에 무언가를 올려놓을 수가 없다. 그래서 고무밴드로 물건을 묶거나 넓은 테이프가 부착된 "끈적한" 테이블을 만들어야 한다. 그러나 우선 본인 스스로 익숙해져야 한다. 만약 실험을 수행하는 경우 장치, 테스트 튜브, 주사기 등을 고정할 영역을 직접 만들어야 한다. 그렇게 해도 당신은 그것을 안정적으로 잡는 방법을 모르기 때문에 처음에는 모든 것이 날아다닌다.

지구인이 저지르는 또 다른 일반적인 실수는 움직일 때 급회전하는 것이다. 초보 우주비행사는 무중력에서 비행을 즐기기 위해 속도를 내곤 하지만 왼쪽이나 오른쪽으로 회전해야 할 때는 바닥에서 수행해야 한다. 바닥을 잡고 회전한 다음 일부 장비나 벽을 따라 날아간다. 시간이 지남에 따라 부드럽게 선회하는 데 익숙해진다. 이를 위해서는 작은 터치를 많이 해서 부드러운 궤적을 따라가도록 해야 한다. 하지만 나도 처음에는 많이 부딪히면서 날아다녔다.

090 우주정거장에서 자석을 사용하여 옷과 신발을 만들어 중력이 있는 것처럼 할 수 있나요?

그렇게 하면 중력이 있는 것처럼 될 수는 있다. 그러나 그러한 상황도 확실히 아무것도 바꾸지 못할 것이다. 신체의 혈액은 무중력 상태에서와 똑같은 방식으로 분배된다. 위험한 물체는 여전히 날아다닌다. 사람이 표면에 묶여 있다고 느끼는 대신 자유롭게 움직일 수 있다는 중요한 사실은 잊을 것이다. 우주정거장 내 여유 공간이 충분한 곳에서 작업할 때는 날아다니는 것이 더 편하며 자석이 있는 신발은 매우 특정한 작업에만 사용된다.

091 사람이 무중력에 익숙해지는 데 얼마나 걸리나요?

사람마다 다르다. 누군가는 금방 익숙해지고, 누군가는 더 느리며, 누군가는 첫 회전 시 다치기도 한다. 그러나 나는 무중력 상태에서 태어나 항상 그 안에서 살았던 것처럼 자연스러웠고 우주정거장에서 나사못을 가지고 해치로 날아가거나 한 번에 다른 모듈로 날아가는 것을 좋아했다. 왜냐하면 매우 재미있었기 때문이다.

092 발밑에 지지대가 없을 때 허전하지 않았나요?

그것에 익숙해진다. 처음에는 아직 움직이는 방법을 모르기 때문에 불편함이 있다. 날카롭게 움직이면 몸이 비틀어지게 되고, 부주의하게 회전하면 타박상을 입게 된다. 필요한 반사 신경이 점차 발달한다.

093 무중력은 웰빙과 건강에 어떤 영향을 미치나요?

신체의 상태는 다소 독특해진다. 첫날 도착하면 몸에 있는 액체가 재분배된다. 지구상에서는 혈액이 하체에 축적되는 반면 발사 시에는 모든 것이 머리로 몰렸다가 중력이 없을 때는 몸 전체에 고르게 분포한다. 이 때문에 얼굴이 부을 때가 있다. 뇌의 내압 증가로 인해 머리 뒤쪽에 특정 두통이 나타난다. 코가 막히는 경우도 흔하다. 물론 모든 것이 불쾌하지만 비행의 즐거움으로 견뎌낼 수 있다.

첫 번째 우주비행에서 무중력을 마스터한 세르게이 랴잔스키

094 항상 무중력 상태에서 생활하면 어떻게 될까요?

우리가 지구로 돌아가지 않고 근육 운동도 하지 않는다고 가정해 보자. 곧 근육들은 위축되기 시작할 것이다. 무중력에서는 다리가 전혀 필요하지 않다. 그러므로 자세를 만들어주는 등 근육이 필요하지 않다. 뼛속에 있는 칼슘이 빠져나오면서 뼈가 약해지기 시작한다. 또한 무중력 상태에서 빈혈이 발생하고 혈액량은 감소한다. 일반적으로 우주에 오랫동안 머무르면 위축된 다리와 유연한 팔을 가진 길고 가는 창백한 벌레로 변할 것이다.

095 무중력 상태인 우주정거장에서 움직일 수 있는 방법은 무엇인가요?

이동하는 것은 어렵지 않지만 지구에서 체득한 몸이 갖고 있는 습관이 무중력 상태에서의 움직임을 방해하므로 자신을 돌보고 조심해야 한다. 무게는 없지만 질량과 관성은 지구와 동일하다. 일상적인 상황을 상상해보라. 길을 따라 앞으로 걷다가 좌회전해야 한다고 하자. 지구상에서는 금방 돌아 서서 바로 걸어갈 수 있다. 우주정거장에서는 다른 구역으로 날아갈 때 방향을 바꿔야하지만 즉시 멈출 수는 없다. 관성에 의해 옆으로 무언가에 부딪힐 때까지 계속 움직일 수밖에 없다. 우리는 지구에서의 몸무게와 질량의 비율에 익숙하고 우리의 뇌는 그 비율에 맞는 움직임에 적절히 반응한다. 그러나 무중력 상태에서는 모든 것이 다르며 더 이상 지구상에서 적응된 반사 신경에 의존할 수 없다. 돌고 싶다면 먼저 무언가를 잡고 속도를 늦추고 몸을 올바른 방향으로 돌리고 밀면서 날아가야 한다.

096 재채기 중 성대 수준에서 외부로 공기가 방출되는 속도는 50~100m/s에 이르며 체적 속도는 12 I/s입니다. 우주정거장의 반대쪽 벽으로 날아갈 수 있는 충분한 "재채기" 추진력이 있나요?

복잡한 문제다. 물론 그러한 실험은 우주정거장에서 수행될 수 있다. 그러나 우주비행사는 교양 있는 사람들로서 재채기를 최대한 하지 않고 손바닥으로 입을 가리려고 노력한다. 물론, 그들은 모듈의 반대쪽 벽으로 날아가지도 않는다. 이론적으로 재채기는 약간의 반작용만 줄 것이다.

097 고양이를 궤도에 데리고 간다면 어떤 훈련을 시킬 것인가요?

우주정거장에 있거나 지구로 돌아갈 모든 사람은 신체 운동을 해야 한다. 고양이조차도 운동은 필수다. 근육이 위축되지 않도록 러닝머신에 특별히 고정된 조끼를 입혀야 할 것이다.

098 우주정거장에 반려동물을 데리고 가고 싶나요?
다른 우주비행사가 반려동물을 데리고 온 적이 있나요?

물론 누군가는 반려동물을 데려오고 싶어 한다. 제 미국인 동료는 우주정거장에 와서 반려견을 매우 보고 싶어 했다. 난 반려동물이 없다. 우주정거장에서 애완동물을 키우는 것은 문제라고 생각한다. 무중력 상태에서 애완동물을 청결하게 하는 것은 매우 어렵기 때문이다. 가스배출후드가 달린 특수 장치가 필요한데 이것은 소음을 발생시켜 동물에게는 스트레스가 될 수 있다. 제일 중요한 것은 무중력 상태에서 일어나는 상황을 제대로 이해하지 못하기 때문에 그를 불안하게 할 것이다. 따라서 고양이는 집에 두고 오는 것이 좋다.

099 궤도에서 잠을 자는 방법이 있나요?

여행자가 캠핑할 때 주로 사용하는 형태의 침낭에서 잠을 잔다. 그런데 이 침낭에는 손을 넣을 수 있는 주머니와 후드가 달려있다. 그리고 침낭

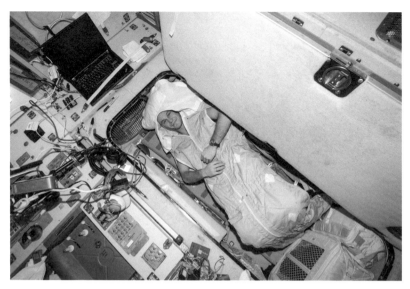

우주정거장 기내에서 침낭에 누운 세르게이 랴잔스키

은 유연한 끈으로 벽에 묶어야 한다. 왜냐하면 환기장치가 지속적으로 작동하고 있어 공기의 흐름이 생기므로 이 흐름 때문에 침낭이 움직이지 않게 해야 한다. 만약 묶어 놓지 않으면 잠에서 깰 때 엉뚱한 곳에 있게 될 것이다. 무중력 상태에서는 베개가 필요하지 않다. 침낭에 편안하게 웅크리고 있기만 하면 된다. 그게 다다.

100 우주에서는 어떤 꿈을 꾸나요?

인간의 두뇌는 너무나 잘 정돈되어 있어서 우리는 항상 놓친 것에 대한 것에 대한 꿈을 꾼다. 우주에서는 평범한 지상 생활에 대한 꿈을 끊임없이 꾼다. 모스크바 제3 순환도로에서의 교통 체증, 지하철의 혼잡, 질퍽한 거리같은 평범한 일상이 꿈에 나온다. 그러나 집에 돌아와서는 비행, 우주선, 우주정거장, 무중력에 대한 꿈을 꾸기 시작한다.

101　무중력 상태에서 식사는 어떻게 하나요?

특이하게도 오랫동안 우주비행사는 튜브로 된 페이스트(치약 같은 것)를 먹지 않았다는 것이다. 알루미늄 캔에 담긴 통조림 식품이 우주정거장으로 배달되는데 이를 칸막이가 있는 특수 오븐에 넣는다. 오븐은 내용물을 $60°$C까지 가열한다. 그래서 캔을 열면 바로 먹을 수 있다. 야채가 든 닭고기, 고기가 든 메밀 죽, 쇠고기 굴 라시, 감자가 든 돼지고기 등 기성품 요리도 있는데 항아리에 저장된다. 젤리 속의 혀, 소스 속의 고기, 모든 종류의 생선과 같은 차가운 간식도 작은 캔으로 제공되지만 재가열할 필요는 없다.

　그 밖의 모든 것은 냉동 건조된 요리다. 보르쉬*, 수프, 으깬 감자, 야채 샐러드, 견과류가 든 코티지 치즈 등이 제조되는 과정은 다음과 같다. 우선 음식이 조리가 되면 냉동을 시키고 매우 높은 온도에서 건조된다. 냉동 음식 속의 얼음은 즉시 액체 상태를 건너 뛰어 증기로 바뀐다. 플라스틱으로 밀봉된 가벼운 분말 혼합물도 나온다. 우주정거장에서는 따뜻한 물을 부어 맛있는 식사를 하는 것으로 충분하다. 음료도 마찬가지다. 차, 커피, 주스는 두 개의 밸브가 있는 긴 봉지에 냉동 건조된 상태로 보관된

---

* 러시아식 수프로 비트 때문에 보라색을 띤다. ― 역자 주

우주정거장에 탑승한 우주비행사들의 공동 만찬

다. 한 밸브에 물을 붓고 흔들고 다른 밸브에 튜브를 삽입하여 마신다.

가끔 프로그레스 화물선으로 부터 과일과 채소가 배달되어 온다. 이 때 우주정거장은 축제 분위기가 된다. 그러나 안타깝게도 모든 신선한 제품을 우주정거장으로 보낼 수 있는 것이 아니다. 도중에 품질이 저하되지 않는 토마토, 사과, 오렌지, 자몽, 양파 및 마늘로 제한된다. 미국인들은 다른 요리를 한다. 그들은 캔을 사용하지 않으며 모든 제품을 냉동 건조시키고 밀폐된 백에 저장시켜 전기 오븐에서 음식을 데워 먹는다. 일반 음식 외에도 다양한 요거트, 베이컨 칩 및 매우 매운 것을 포함한 다양한 소스가 메뉴에 포함된다. 내가 아직도 기억에 남는 것은 정말 맛있게 보이는 스테이크였다. 나는 아직도 스테이크를 냉장고 없이 6개월 동안 보

우주 음식을 먹고 있는 세르게이 랴잔스키

관하여 신선하고 육즙이 있도록 유지하는 방법을 이해하지 못했다. 그러나 미국인들은 수프와 아스픽*은 먹지 않는다.

식단은 개인 취향에 따라 다르다. 각 우주비행사는 비행 전에 우주 음식을 맛보고 자신이 가장 좋아하는 것을 정한다. 나는 생선 통조림, 시리얼, 말린 고기를 정말 좋아했다. 비행 전에 16일치 식량이 준비되고 추가로 보너스 컨테이너도 있다. 실제로 겹치는 부분이 있다. 첫 비행에서 나와 친하게 지냈던 사령관이 있었다. 그는 꿀을 전혀 먹지 않는데도 보너스 컨테이너에 꿀을 채워 넣었다. 일반적으로 승무원과 우주정거장 모듈

---

* 육즙으로 만든 투명한 젤리. ― 역자 주

간의 제품 교환은 자주 일어나는 일이다. 우리는 다른 나라 승무원들에게 무언가를 제공한다. 특히 여분이 남아있는 경우에는 더욱 그렇다. 그러면 그들은 우리에게 온다. "친구들, 우리도 여기에 남는 게 있는데, 그쪽으로 보낼까요?" 나는 "내게 던져요."라고 대답한다. 더욱이 우리는 종종 함께 점심을 먹고 일주일에 두 번 정도 저녁에 방문한다. 금요일에는 미국인들이 우리와 함께, 토요일에는 우리가 그들쪽으로 간다. 호스트는 모든 사람을 위해 식사를 준비한다.

나는 우리 음식이 미국 음식보다 맛이 좋은 것 같다. 아마도 더 익숙해서 그럴 것이다. 아무래도 러시아 음식은 우리에게 훨씬 더 편안함을 주기 때문이다. 미국 음식에서는 다이어트 식단이 많고 모든 요리에 향신료

세르게이 랴잔스키가 우주에서 최초로 요리한 피자

와 소스가 들어간다. 우리 같으면 매운맛과 신맛을 추가했을 것이다. 미국 식단에는 맛있는 디저트가 있지만 생선은 거의 없다. 그러나 일본인은 매우 맛있는 생선을 먹는다. 일본인 우주비행사 고이치 와카다(Koichi Wakata)는 모든 사람에게 맛있는 생선을 맛보여주었다.

특별한 경우도 있다. 파올로 네스폴리(Paolo Nespoli)는 휴스턴과의 통신 중에 피자가 그립다고 얘기했다. 그러자 스완 화물선으로 피자를 만들기 위한 완전한 세트인 쇼트 브레드, 가공 치즈, 소시지, 올리브를 보냈다. 결과적으로 우리는 4개의 진짜 피자를 만들 수 있었고 호일로 싸서 전기 오븐에 구웠다. 파올로는 아티 초크로 피자를 만들었고 나는 페퍼로니, 치즈, 마늘 페이스트와 같은 좀 더 전통적인 버전을 만들었다.

우주정거장에는 지구에서 쓰는 것과 같은 접시는 없다. 우리는 회색 테이프를 붙여서 끈적끈적한 테이블을 만든다. 그 위에 캔, 패키지, 소스 병을 올려놓는다. 포크와 나이프가 있지만 사용하는 사람은 없다. 주된 식사기구는 숟가락이다. 그것은 보통보다 길어서 음식물이 들어 있는 봉지 바닥까지 닿을 수 있다. 우리는 모든 빈 캔, 사용한 냅킨 등을 봉지에 넣고 냄새가 나지 않도록 밀봉한다. 쓰레기봉투는 다음 프로그레스를 통해 소각된다.

102 무중력 상태에서 화장실은 어떻게 사용하나요?

우주화장실에 대한 질문은 마치 다른 것은 관심이 없는 것처럼 매우 자주 받는 질문이다. 정답은 지구처럼 화장실에 가야 한다는 것이다. 물론 약

간의 차이는 있다. 우주화장실은 우주정거장 주변에 오물이 흩어지는 것을 방지하기 위해 진공청소기의 원리로 작동한다. 이 시스템은 매우 안정적이다. 고형 폐기물은 관을 타고 특수 탱크로 보내진 다음 밀봉되고 화물선을 통해서 대기에서 함께 연소된다. 그건 그렇고, 우주화장실을 만드는 러시아의 경험은 미국보다 더 특별했지만 NASA는 몇 달 동안 안정적으로 작동하는 화장실을 설계하지 못했다. 그래서 우리에게 주문해야만 했고 결과적으로 러시아와 미국 모듈 모두 러시아제 화장실이 있다.

103 우주정거장은 어떻게 청소하나요?

매주 토요일은 의무적으로 청소 하는 날이다. 일반적으로 승무원은 스스로 자기 업무가 정해져있다. 모두 자신의 모듈을 청소한다. 첫째, 피부 입자, 손톱 조각, 머리카락 등 생물학적 "먼지"가 구내에 축적되기 때문에 진공청소기로 청소한다. 그런 다음 우리가 식사하는 곳은 습식 청소를 한다. 만약 지구에서 보쉬를 쏟았다면 빨리 바닥을 닦는 것으로 끝나지만 우주정거장에서는 바닥, 벽 및 천장과 같은 모든 것을 닦아야 한다. 청소할 때 젖은 천, 수건을 사용한다. 주방과 화장실을 청소하는 특수 항균 물티슈도 있다.

104 우주정거장에서 가장 자주 고장 나는 것은 무엇인가요?

딱 꼬집어 말하기는 어렵다. 각 모듈에는 각자의 고유한 문제가 있다. 어디에서는 생명 유지 시스템이 지속적으로 고장 나고 누군가의 컴퓨터는 버그가 있다. 파올로와 내가 피자를 준비할 때 화장실이 고장 나서 사샤 미수르킨(Sasha Misurkin)은 하루 종일 화장실을 수리하는 데 시간을 보냈다.

영원히 신뢰할 수 있는 장비가 없다는 것은 분명하다. 따라서 모든 우주비행사, 그리고 무엇보다도 비행 엔지니어는 우주선과 정거장의 모든 시스템을 알아야 한다. 필요한 경우 직접 수리하거나 지상 운영자에게 무슨 일이 있었는지 물어봐야 한다.

105 우주정거장에서 고장이 나면 어떻게 고치나요?

무중력 상태로 조정되어 있기 때문에 지구에서 했던 것과 같이 수리하면 된다. 나름대로 경험도 있고, 단계별 지침도 있다. 엔지니어는 작업 순서를 비디오로 촬영하고 파일을 전송한다. 말도 안 되는 오동작이 생기는 경우라도 모든 것을 직접 수리하고 보고해야 한다. 더 어려운 경우에는 상황을 설명하고 수리를 위해 작업 일정에 시간이 더 할당되도록 요청해야 한다.

나는 생명의학문제연구소에서 계획한 한 가지 실험을 했다. 그런데 작동하지 않았다. 그게 전부였다. 그 이유가 무엇인지 전혀 이해할 수 없었다. 하지만 어떻게든 시작하고 싶었다. 그래서 나는 오랫동안 지구와 논의했다. 어떤 종류의 테스트를 생각해보고, 장치의 모듈을 분해하고, 내부를 더 들여다봤다. 처음 시도했을 때처럼 작동하지 않았다.

그래서 다른 방법을 시도했다. 장치를 분해한 결과 펌프 밸브에 칩이 들어가 있는 것을 발견했고, 그것이 끝까지 닫히는 것을 방해하는 바람에 누수가 발생했던 것이다. 결국은 시스템이 작동했고, 장치를 지구로 반환할 필요가 없다는 사실을 알게 되어 매우 기뻤다.

106 우주에서 모든 것을 다 고칠 수 있나요?

불행히도 모든 것을 고칠 수 있는 것은 아니다. 엔지니어는 이론적으로 전혀 파손되어서는 안 되는 장치가 어떻게 파손되었는지 전혀 이해하지

못할 때도 있다. 또는 무결성을 위반하지 않고는 열 수 없는 밀봉된 상자도 있다. 그러면 다음과 같은 지시사항이 나온다. "포장하고, 소유즈에 실으세요. 지구에서 문제가 무엇인지 알아낼 것입니다."

107 우주에서 못을 박을 수 있나요?

물론이다. 망치로 못을 박을 수 있다. 관성은 아무데도 가지 않는다. 위치를 잡고, 망치로 치고, 그게 전부다.

108 우주정거장을 고치는 데 어떤 도구를 사용하나요?

우주정거장에는 많은 도구가 있다. 렌치, 스크루 드라이버, 펜치, 드릴, 납땜, 인두 등 충분히 많은 종류의 도구가 있다. 우리는 정말로 우주정거장의 모든 것을 고칠 수 있다. 가장 유용한 것은 렌치다. 나사를 풀고, 나사를 조이고, 소켓을 제거할 때나 넣을 때 사용한다.

더 간단한 도구를 사용하기도 한다. 실제로 무언가를 고칠 수는 없는데 작동을 시켜야만 할 때는 좀 똑똑해질 필요가 있다. 예를 들어 즈베즈다 모듈의 트레드밀에서 벨트가 노후화되어 찢어지기 시작했다. 새로운 것을 만들어서 보냈지만 프로그레스가 발사 실패되면서 같이 파괴되었다. 어떻게 해야 할까? 우주정거장에 회색 테이프가 있었다. 미국에서 만든 금속화 회색 테이프다. 보통 철물점에서도 구입할 수 있는 것이었다. 내구성이 뛰어나고 단단히 밀착된다. 그래서 트랙 캔버스를 수정하는 데 사용했다. 결국 내 비행이 끝날 때까지 버텼다. 그런 다음 소유즈로부터 새 캔버스를 받았다.

109 우주비행사에게 "라이프해크*"가 있나요?
원래 목적대로 쓰이지 않는 것도 있나요?

물론 있다. 고무줄은 사방에 매달려 있으며 그 뒤에 모든 종류의 물건을

---

* 생활의 일부분을 더 쉽고 효율적으로 만드는 도구. ─ 역자 주

붙일 수 있다. 우리는 넓은 스카치테이프로 "끈적한" 테이블을 만든다. 이 테이블에 "서 있는" 모든 것은 실제로 접착되어 있다. 소련 미르 우주정거장에서 개발된 또 다른 경험이 있다. 죽이나 수프에 뜨거운 물을 부으면 15~20분 정도 걸리지만 이 시간 동안 식을 수 있으므로 긴 모피 부츠나 양말을 가져가 점심과 함께 가방에 넣는다. 열이 손실되지 않고 내용물이 잘 부풀어 오른다.

110 우주정거장에서 생활하는 기준 시간은 무엇인가요?

모스크바와 휴스턴에 두 개의 임무제어센터(Mission Control Center, MCC)가 있다. 양측의 시간이 다르므로 아무도 불쾌감을 느끼지 않도록 그리니치 표준시(GMT)를 사용하는데 이는 협정 세계시(UTC)라고도 한다. 3시간을 더하면 모스크바 시간이 된다.

111 우주비행사의 일상은 무엇인가요?

매일 오전 6시(GMT)에 일어난다. 개인위생 절차에 따라 시간이 할당된다. 컴퓨터에는 이미 일정담당자가 작성한 그날의 일정이 당신을 기다리고 있다. 일부 항목을 이동하거나 변경할 수 있음은 분명하지만 일반적으로 일정을 따라야 한다. 작업하고 실험을 수행하는 것 외에도 매일 최소 2시간의 의무적인 운동시간이 있다. 점심과 저녁 시간도 포함되어 있다.

세르게이 랴잔스키와 랜돌프 브레즈닉의 의료 훈련 실시

일정에는 항상 아침 및 저녁 일정 검토 회의(DPC, 일일 계획 회의)가 포함된다. 우리는 모두 모여 지상 전문가와 연락하고 현황에 대해 자세히 논의한다. 지상 전문가들이 이렇게 지시한다. "여러분, 오늘 우리는 이런저런 계획을 갖고 있어요. 나중에 우주정거장이 방향을 바꿀 것이기 때문에 이것과 이것에 주의를 기울이고 지정된 시간에 엄격하게 그러한 실험을 수행하도록 요청합니다." 회의 내용은 기록되며 우리는 규정을 엄격히 준수해야 한다. 저녁에 "여러분, 어떤 일을 했는지 얘기해보세요." 전문가들은 다음과 같은 질문을 한다. "그것을 했을 때 무엇을 했나요? 결과가 있는 파일은 어디에 있나요?" 보통 GMT로 오후 10시에 소등된다.

112 휴일은 평일과 어떻게 다른가요?

물론 주말과 공휴일이 있다. 6개월간의 원정에는 통상 4번의 공휴일이 있다. 2번의 러시아 공휴일과 2번의 미국 공휴일 또는 통상적인 새해 등이다. 주말에는 일정담당자가 우리에게 과도한 업무를 주는 것이 금지되어 있지만 실제로는 항상 깨어나면 해야 하는 일정이 있다. 예를 들어 교육용 비디오를 촬영하고 중요한 회의에서 환영사를 토론하는 일정이 있다. 또한 모듈 청소와 주중에 찍은 사진 분석 등 휴일도 항상 바쁜 일정을 보냈다.

113 우주비행사는 어떻게 휴식을 취하나요?

모든 사람은 각자 개성이 다르므로 다른 방식으로 휴식을 취한다. 누군가는 태블릿으로 전자책을 읽는다. 누군가는 영화를 보기도 한다. 누군가는 우주정거장과 지구의 전망을 촬영한다. 누군가는 완성된 사진을 분석하기도 한다. 누군가는 친척에게 편지를 쓰거나 일주일 동안 쌓인 질문에 답한다. 휴일에는 보통 특별한 저녁 식사를 준비하고, 다른 의상을 입어 보고, 추억을 위해 사진을 찍거나 노닥거리기도 한다.

114 우주정거장에서 의사소통하기 위한 특별한 전문 용어가 있나요?

우리는 많은 약어를 사용한다. 대략 1,000개 정도 된다고 생각한다. 그것

들을 공부하고 귀로 이해하려면 적절한 장비가 필요하다. 예를 들어, "in the ACS EDV filled"는 "화장실에 소변통이 채워져 있음."을 의미한다.

외국인과의 소통은 보통 기록이 되는데 이때도 영어 약어가 사용된다. "CBC 10, 노드 3의 ACS 부품"은 "고요(Tranquility) 모듈의 상자 번호 10에 있는 화장실 부품"을 의미한다.

115 날씨가 바뀌는 것이 그립지 않나요?

아니다, 개인적으로 지루하지 않았다. 우주정거장의 날씨는 쾌적하다. 물론, 비에 젖어있는 나무나 녹지와 같은 평범한 땅의 것들을 그리워할 수 있다. 그러나 날씨 때문에 많은 것을 놓칠 수 있다. 지구 구름은 우주정거장에서 많은 문제를 일으킨다. 예를 들어 우주상에서 파리를 촬영할 계획이었는데 하루 종일 빽빽한 구름이 있어 실패했던 적이 있다.

116 혼자 있는 시간이 주어진다면 무엇을 하나요?

물론 우주정거장을 떠나는 것은 불가능하다. 그러나 작은 개인 캐빈이 있다. 거기서 혼자 지낼 수도 있고, 예를 들어 기타를 연주할 수도 있다. 언제든지 헤드폰을 쓰고 영화나 TV 시리즈를 본다. 지구에 있을 때 보통 TV를 볼 시간이 없어서 친구들은 항상 내가 시대에 뒤떨어지고, 세련된 참신함을 모른다고 잔소리하곤 했다. 그래서 우주정거장에 있는 동안 〈왕좌의 게임〉의 7개 시즌을 봤다. 이제 존 스노우*가 모르는 것을 알게 되었다.

117 가족과의 이별이 힘들지 않았나요?

이것에 대해서는 많은 준비를 해왔다. 우주비행을 마치고 6개월 안에 살

---

* 미국 드라마 〈왕좌의 게임〉에 나오는 주인공 중 한 명. — 역자 주

아서 모든 사람을 볼 수 있다는 것을 알고 있다. 끊임없이 소식을 받고, 이메일을 쓰고, 전화로 누구에게나 연락을 할 수 있기 때문에 이별의 느낌은 많이 해소된다. 일주일에 한 번씩은 아내, 가족과 함께 스카이프(Skype)를 통해 화상 전화를 할 수 있다. 때때로 내 친구들은 화상전화 하기 전에 집에 와서 아내와 함께 맥주를 마시고 즐거워하면서 이렇게 얘기하곤 한다. "세료자(Seryozha)*, 넌 무중력 상태에서 돌고 있구나. 돌고 있는 우리 세료자가 불쌍하다. 세료자한테 가자!"

118 지구로 돌아가고 싶은 충동을 어떻게 견디나요?

실제로 우주를 날고 있을 때 지구, 친구, 가족이 그리워진다. 모스크바 제3 환상도로의 교통 체증조차도 그립다. 집에 가고 싶지만 한편으로는 이런 생각이 든다. 우주정거장에는 실험, 유지 관리, 사진 촬영 등 많은 작업이 있다. 다른 일을 하게 되면 불필요한 생각에서 벗어날 수 있다.

119 우주정거장에서 대체 불가능한 것이 있나요?

아까 얘기했던 회색 테이프이다. 신속한 수리를 필요로 할 때나 점심을 먹으려고 음식물을 올려놓기 위해 테이블을 끈적끈적하게 만들 때 모두 사용한다. 서류에 서명해야 하는데 글을 쓸 수 없다고 가정해 보자. 그는

---

* 세르게이 랴잔스키의 애칭.— 역자 주

회색 테이프를 꺼내서 필요한 것을 적고 조각을 떼어 내고 붙인다. 우주 정거장 전체가 이 테이프를 쓰고 있다. 또 활용하는 데가 있다. 벽에서 장치를 제거하고 두 개의 나사로 고정을 해야 하는데 장비나 나사를 잃어버리지 않으려면 어떻게 할까? 테이프로 붙여놓으면 된다. 가장 대체할 수 없는 것이 바로 이것이다.

120 어떤 과학 실험을 수행했나요?

우주정거장은 그 자체가 거대한 과학 실험실이다. 우주비행사의 주요 업무는 생물학, 의학, 물리학, 화학, 생태학 관련 과학 실험이다. 최근에 우리는 첫 번째 국제우주정거장 모듈인 기능성 화물 모듈 자랴의 출시 20주년을 기념했다. 수년에 걸쳐 전문가들은 이 복잡한 시스템이 우주의 극한 조건에서 어떻게 작동하는지 관찰했다. 대형 행성 간 우주선의 설계가 시작될 때 활용할 수 있는 아주 독특한 과학적 경험이다. 우주정거장 밖에는 다양한 합금과 플라스틱 샘플이 부착되어 있다. 우리는 출구에서 샘플을 꺼내고 과학자들은 재료가 극한 온도, 태양 복사 등을 견디는 방법을 관찰한다.

이제 실제로 실패, 고장, 장비 사용, 구조 및 조립품의 신뢰성에 대한 통계가 수집되고 있다. 이것이 없으면 장거리 비행을 계획할 수 없다. 물론 우주정거장으로 향하는 모든 탐험이 큰 발견을 가져올 수는 없지만 모든 비행은 공통된 원인에 기여한다. 마찬가지로 모든 과학 실험이 노벨상을 받을 가치가 있는 것은 아니지만 노력 없이는 근본적인 새로운 발견이 불가능하다.

사르콜랍(Sarcolab) 실험
을 수행하고 있는 세르게
이 랴잔스키와 파올로
네스폴리

121 가장 흥미로운 실험은 무엇이었나요?

모든 실험이 흥미롭다. 예를 들어, 나는 시력, 근육 및 힘줄 위축의 변화에
대한 연구에 참여했다. 이 실험은 수집 자료가 너무 적어 매우 길고 힘든
과정을 밟아야 한다. 또한 우리는 이러한 연구를 스스로 수행한다. 우주
비행사는 실험수행자이자 실험대상이며 과학자이자 검증대상인 것이다.

동시에 나는 확신한다. 과학 실험에 대한 부담이 증가하지만 우리는 더 많은 일을 하기 위해 사용할 수 있는 시간과 기회가 있다. 두 번의 비행 경험을 통해 여가 시간에도 다양한 생물학적 실험에 기꺼이 참여하는 것이 점점 좋아질 것이고 결국에는 〈왕좌의 게임〉 없이도 여가시간을 보낼 것이라고 얘기할 수 있다.

122 우주정거장 기내에서 일반적으로 무엇을 연구하고 있나요?

인터넷에 우주정거장의 연구에 대한 특별 페이지가 있다. 일반적인 설명은 RSC Energia*, TsNIIMASH** 및 IBMP RAS 웹 사이트에서 찾을 수 있다. NASA 언론 서비스는 외국 모듈의 과학에 대해서도 기사를 쓴다. 특별 저널 "우주비행사 소식"에는 우주 연구에 대해 아주 많고 자세하게 쓰여 있다. 지금 이 저널에는 "러시아 우주"라는 제목으로 나오고 있으며 다운로드도 가능하다.

주로 무엇이 연구되고 있을까? 이미 말했듯이 생물 의학과 재료 과학의 두 가지 방향이 많다. 예를 들어, 나는 첫 비행에서 "가상(Virtual)"과 "모토카드(Motocard)"라는 두 가지 장기 실험에 참여했다.

---

* 새로운 명칭은 SP 코롤료프 로켓 & 스페이스 코퍼레이션 에네르기아 또는 SP 코롤료프 로켓 우주회사 에네르기아로서 러시아의 소유스 우주선, 프로그레스 우주선, 인공 위성 등 우주선과 우주 정거장 모듈을 설계하고 제조하는 회사다. 모스크바 근교의 코롤료프시에 본사를 두고 있다.
** 러시아 로켓 및 우주선 과학 센터로 개념 설계에서 비행 테스트에 이르는 모든 개발 단계를 처리하는 기관. — 역자 주

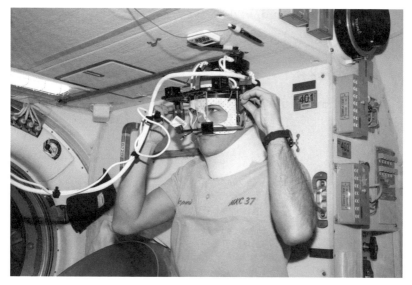

"가상"실험에 참여하고 있는 세르게이 랴잔스키

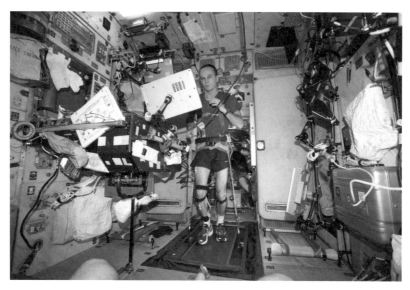

"모토카드"실험에 참여하고 있는 세르게이 랴잔스키

실험 "가상"은 무중력이 인간 전정기구에 미치는 영향을 연구한다. 실험을 위해 특별히 설계된 소프트웨어가 있는 노트북이 있다. 작은 비디오 카메라가 달린 장치가 연결되어 우주비행사가 머리에 쓴다. 캠코더는 눈의 움직임을 매우 정확하게 추적한다. 데이터는 파일에 기록된다. 그들은 즉시 특수 채널을 통해 지구로 데이터를 보낸다. 이 연구는 우주비행 조건에서 사람의 방향 감각 상실이 얼마나 큰지 확인하는 데 도움이 된다. 전정기구의 병과의 싸움에서 실질적으로 중요하다. 다음 단계에서는 카메라가 장착된 장치가 가상현실 안경으로 교체된다. 그들은 공간적 환상을 만들고 우주비행사의 눈이 그들에게 어떻게 반응하는지 지켜 볼 것이다.

"모토카드"는 즈베즈다 모듈의 러닝머신에서 수행되었다. 경로를 따라 걷거나 달리고, 팔을 움직이고, 몸을 구부리고, 똑바로 세우면 시스템이 모든 물리적 매개 변수를 자세히 등록한다. 지구에서와 동일하지만 무중력 조건에서 수행된다. 그런 다음 데이터를 비교하여 우주에서 인간의 생체 역학이 어떻게 변화하는지 이해하는 데 활용된다.

완전 기초적인 연구도 있다. 그중에는 장기 실험 "바이오리스크 (Biorisk)"가 있다. 박테리아, 미세한 곰팡이 및 씨앗을 특수 용기에 담는다. 그런 다음 우주비행사는 이러한 컨테이너를 우주정거장 외부 표면에 고정하고 오랫동안 우주 공간에 둔다. 놀랍게도 씨앗을 포함한 많은 유기체가 테스트에서 살아남았다. 가장 단순한 형태의 생명체는 자신에게 해를 끼치지 않고 우주 공간을 횡단할 수 있다는 것이 밝혀졌으며 생명체가 우주에서 지구로 옮겨졌다고 말하는 "범정자 이론"은 그 이론이 옳다는 강력한 논거가 되고 있다. 또한 바이오리스크의 결과는 행성 간 우주선을 살균하는 데 우리의 조치가 얼마나 효과적인지 생각하게 한다. 아마도 우리는 이미 미생물을 화성에 가져갔을 것이고 지금 그들은 새롭고 특이한 생물권으로 발전하고 있을 것이다.

123 왜 이러한 실험이 우주에서 수행되나요?

지구상에서는 많은 경우 우주 조건을 재현하는 것이 불가능하기 때문이다.

우선, 지상에 있는 모든 것은 중력의 영향을 받는다. 예를 들어, 순수한 수정을 재배하고 싶다고 해보자. 다 자랐다. 아름답고 고르게 보인다. 그러나 자세히 살펴보니 결정격자가 "구부러진"것으로 밝혀졌다. 정확한 격자를 가진 결정은 가장 얇은 빔을 형성하며 현대 레이저 기술에서 큰 수요가 있는데 이러한 결정은 무중력에서만 성장할 수 있다. 합금을 만드는 것도 이와 비슷하다. 지구에서는 매우 무겁고 매우 가벼운 금속을 적절하게 합금하는 것이 거의 불가능하다. 여전히 고르게 섞이지 않고 층이 생기기 때문이다. 무중력 상태에서는 금속 자체가 무게 차이로 인해 분리되지 않기 때문에 가능하다. 단백질 합성도 마찬가지다. 큰 단백질 분자 (또는 단백질 결정체)는 무중력 상태에서만 성장할 수 있다. 내가 아는 한, 아직 치료 불가능한 것으로 간주되는 질병을 포함하여 새로운 효과적인 약물을 개발하는 데 도움이 될 것이기 때문에 고급 의학에서 수요가 많다. 결정, 합금, 단백질에 대한 실험은 우주 산업의 기초가 된다.

언젠가는 지구상에서 생산하기 어렵거나 불가능한 제품을 대량 생산할 것이다.

때때로 이러한 의문이 든다. 이러한 실험을 할 때 인간을 로봇으로, 우주정거장을 무인 위성으로 대체할 수 있을까? 가능하지만 모든 실험은 믿을 수 없을 정도로 복잡해질 것이다. 개발자는 수천 가지 문제들을 고려해야 하고 실제로 모든 문제를 예측하고 어떻게든 예방해야 하기 때문이다. 그렇다고 해도 실험의 결과는 항상 의심스러울 것이다. 왜냐하면 우주비행사는 샘플을 직접 보면서 실험을 수행하지만, 무인으로 하면 우주정거장에서 일어나는 것을 직접 볼 수가 없기 때문이다. 여기서 작업 도구를 만드는 것을 비유로 들 수 있다. 도구와 공작 기계는 처음에는 손으로 만든 다음, 기본 도구의 도움을 받아 더 복잡한 장치까지 발전할 수 있다. 결국에는 단 하나의 도면에서 부품을 생산하는 최신 자동수치제어(Computerized Numerical Control, CNC) 기계 또는 3D 프린터까지 만들었다. 그것이 우리가 우주정거장에서 실험하는 방식이다. 우리는 일단 직접 모든 것을 시도한다. 다양한 방법으로 실험하고, 수동으로 작업한다. 그래서 미래에는 우리의 경험을 바탕으로 자동화된 우주 공장이 건설될 것이다. 지금이 석기 시대라고 생각하나? 그러나 석기시대 없이는 청동시대, 철기시대도 없었을 것이다.

또 다른 방향은 비행 생활에 대한 연구다. 무중력과 우주 방사선, 그리고 낮과 밤의 빠른 변화, 지구의 일상 리듬에서 벗어나는 방법 등을 연구한다. 우리는 배아와 씨앗이 어떻게 발달하는지 지켜본다. 식물의 생산성, 곤충의 행동을 본다. 우리는 지구 밖에서 닫힌 생물권의 형성에 대한 아이

디어를 축적하고 있다. 행성
간 우주선과 우주 식민지를 설
계할 때 유용할 것이다.

무중력의 물리학에도 새로
운 것이 많다. 예를 들어, 무중
력의 불꽃은 뾰족하지 않고 둥
근모양이 된다. 왜냐하면 따뜻
한 공기가 상승하고 차가운 공

왼쪽-지구상의 불꽃, 오른쪽-무중력의 불꽃
(사진: NASA)

기가 하강하는 대류가 없기 때문이다. 따라서 화염은 가연성 물체 주위에
분포한다. 당연히 연소 구역에 산소를 특별히 공급하지 않으면 주변의 모
든 것이 빠르게 연소되고 불꽃이 꺼진다. 이 효과는 독특한 합금을 만드
는 데에도 사용할 수 있다.

놀라운 플라즈마 크리스탈(Plasma Crystal) 실험도 있었다. 우주 플라즈
마에는 종종 먼지 입자가 포함되어 있다. 그래서 그 먼지들이 실험실 조
건에서 어떻게 행동하는지 보기로 하였다. 지상에서 제작을 완료하여 우
주정거장으로 보냈다. 입자들은 문자 그대로의 의미에서 "녹을 수 있는"
결정 구조로 배열되어 있다는 것이 밝혀졌다. 그러나 조건이 바뀌면 입
자는 DNA와 유사한 나선형으로 정렬된다. 생명의 기초 형성은 우주의
근본적인 물리적 수준에 놓여 있음이 밝혀졌다. 실험이 끝났고 이제 사
람들은 그 결과를 이해하고 새로운 재료의 창조, 세척 시스템 등의 산업
의 문제를 해결하기 위해 노력하고 있다. 우주정거장이 없었다면 할 수
있었을까? 아마 당신은 할 수 있을지도 모른다. 그러나 훨씬 더 많은 시

간과 노력이 필요할 것이다.

124 우주정거장에서 가장 길었던 실험은 무엇인가요?

수백 개의 과학 실험이 우주정거장에서 병렬로 수행되며, 그중 일부는 수 년이 걸린다. 아마도 가장 긴 것은 블라디미르 예브게니비치 포르토프 (Vladimir Evgenievich Fortov)의 지도하에 러시아 과학 아카데미의 고온 공동 연구소에서 발명된 물리학 실험은 "플라즈마 크리스탈"로 알려져 있다. 그것은 2001년부터 2013년까지 36번의 방문 원정대 작업 중에 수행되었 다. 먼저 PK-3 하드웨어 장치가 우주정거장 러시아 모듈에 전달된 후 2006년에 PK-3 플러스 장치로 대체되었다. 실험의 목표는 혜성, 행성 간 및 성간 구름의 꼬리에서 발생하는 과정을 시뮬레이션하여 이온화된 가 스(플라즈마) 내부에 하전 된 먼지 입자의 움직임을 연구하는 것이었다. 특 정 조건에서 입자는 고체 결정의 특성을 나타내는 공간격자로 배열된다. 그러한 "격자"에 대한 본격적인 연구는 무중력 상태에서만 수행될 수 있 으므로 우주비행사의 도움이 필요했다. 이 실험을 통해 과학자들은 일부 천체 물리학 이론을 테스트할 수 있을 뿐만 아니라 전자공학에서 플라즈 마 스프레이 및 에칭 기술 개발, 최고급 필름 및 나노 입자 생산을 위한 실 용적인 권장 사항을 개발할 수 있었다.

125 우주정거장은 지구상의 과학자들을 어떻게 돕고 있나요?

우주정거장에는 지상으로부터 지속적으로 실용적인 명령이 오고 있다. 옐부르스(Elbrus)* 근처에서 머드플로우(mudflow, 이류)** 가 내려온다고 가정해보자. 긴급 상황부에서는 "옐브루스를 날아가면서 사진을 찍어라. 그렇지 않으면 우리는 거기에 무엇이 어떻게 막혔는지 알 수가 없기 때문이다."라고 요청을 보낸다. 날씨가 좋았고 사진을 찍고 인터넷을 통해 내려보낸다. 구조대원들은 즉시 그 지역의 상세한 사진지도를 받았기 때문에 아주 수월하게 일을 할 수 있다.

우주에서 본 옐부르스

---

* 러시아 카바르디노-발카리야 공화국과 카라차이-체르케시아 공화국 사이 코카서스 산맥에 위치한 휴화산.
** 진흙을 비롯한 많은 부유입자들을 함유한 물의 흐름.

이러한 작업은 매우 중요하다. 2002년 9월 콜카 빙하가 내려왔고 세르게이 보드로프 주니어가 영화 제작진들과 함께 그곳에서 죽었다는 것을 기억하나?[*] 비극이 일어나기 며칠 전, 우주비행사들은 이 빙하의 사진을 버렸다. 전문가들에게 빨리 연락했다면 사람들을 대피시킬 수 있었을 것이다.

위성들은 주로 지구 표면을 관찰하는 데 사용되지만 지침에 따라 엄격하게 작동하며 제공되는 정보는 일반적으로 신중한 연구가 필요하다. 그러나 우주정거장의 우주비행사는 위성 운영자가 주의를 기울이지 않는 무언가를 알아차릴 수 있다. 예를 들어, 대규모 화재 또는 홍수, 이류, 오염된 물의 배출 시작 등의 모든 것을 우주에서 명확하게 볼 수 있으며 문제를 사진으로 찍고 지구에 보고한다.

우리는 지속적으로 대기와 바다를 연구한다. "돌말류(Diatom)[**]", "파도(Waves)", "위망(Seiner)[***]", "인어(Mermaid)", "시나리오(Scenario)", "허리케인(Hurricane)" 실험이 있다. 모두 카메라를 장착한 우주비행사가 직접 만든 것으로 천연자원, 날씨 및 기후 변화에 대한 아이디어를 얻을 수 있다. 우주정거장이 없다면 우리는 각 작업에 대해 자체 위성을 만들어야 할 것이다. 그러나 우주비행사가 전문가는 아니고 새로운 실험에 대해 항상 관심이 있으므로 어떠한 작업이라도 기꺼이 수행할 것이다.

---

[*] 콜카 빙하와 참사: 콜카 빙하는 코카서스 지방(유럽의 동쪽, 아시아의 서북쪽 지역)에 있는 계곡 빙하이다. 2002년 9월 20일 저녁에 빙하가 하강하면서 영화를 찍고 있던 세르게이 보르도프 감독 이하 제작진 125명이 사망하는 사고가 발생하였다. ― 역자 주

[**] 해양성 독립영양 원생생물로 약 10만여 종으로 추정될 정도로 흔한 식물성 플랑크톤.

[***] 물속에 넓게 둘러치고 양쪽 끝을 끌어당겨 물고기를 잡는 그물.

126 우주유영을 위해 어떤 준비가 필요한가요?

모든 우주유영(또는 EVA, 우주정거장 외 활동)은 지상에서 전부 계획되어 수행된다. 지상 준비팀이 전체 프로그램을 계획하는 데 우선 특정 작업에 필요한 시간을 설정한다. 경험을 바탕으로 그들은 시간이 지남에 따라 유영 단계를 최적화하여 우주유영 시간을 최소로 유지하도록 한다. 그들은 유영하는 사람의 에너지를 절약하기 위해 프로그램의 단계를 재정렬하기도 한다. 우주유영 시작 전에 우주비행사는 예비 계획을 받는다. 우주비행사 훈련센터 수력 실험실이 열리면 승무원은 무중력 상태를 시뮬레이션 하는 수영장에서 유영에 대한 연습을 한다. 만약 수리를 위해 수력 실험

우주유영을 준비하는 세르게이 랴잔스키와 올레그 까토프

실이 운영을 하지 않아도(나의 두 번째 비행 전과 같이), 승무원은 물이 없는 상태로 유영 연습을 하기도 한다. 여하튼 우리는 우리의 강점을 찾아내고, 평가하고, 계획자들에게 변경할 점에 대해 알려준다. 물론 그들은 우리의 의견을 고려해서 계획을 세운다. 그래서 유영 계획은 항상 공동 작업이다.

실제 우주정거장에서는 2주 안에 준비를 마친다. 우리는 우주복을 확인하며 입어보고, 무언가를 조정하고, 무언가를 고친다. 근무일 중 특정 시간을 다가오는 유영에 할당하도록 스케줄을 조정해야 한다. 우주유영을 위해 익스펜더(근육훈련기)로 훈련하고 상체근육을 강화해야 한다. 우주로 나가면 팔이 매우 피곤해지기 때문이다. 일반적으로 유영 자체를 위해 정신적으로나 육체적으로 준비할 시간이 있다.

127 우주복은 어떻게 작동하나요?

이미 우주복에 대해 설명했다. 여기에서 얘기하고 싶은 올란 우주복은 실제로 진공 상태에서 생활하고 움직이는 모든 것을 갖춘 소형 우주선이다. 산소 공급 장치, 이산화탄소 정화 시스템, 배터리, 수냉식 슈트와 라디에이터로 구성된 열 제어 시스템을 갖추고 있다.

우주유영용 우주복은 러시아 모스크바의 토밀리노(Tomilino)에 있는 연구 및 생산 기업인 "즈베즈다"에서 제조한다. 현재 가장 최신 버전은 "올란 MKS"인데 여기서 MKS는 "현대화(modernized), 컴퓨터화(computerized), 합성(synthetic)"을 의미하는 단어다. 무게는 110kg으로 7시간 동안 자유롭게 작업할 수 있다. 5년 동안 최대 20번의 유영에 사용되었다. 무엇보다 자동

새해를 축하하고 있는 세르게이 랴잔스키와 그의 충실한 올란 MK 우주복

화된 내부 온도 조절 시스템을 갖추고 있고 우주복 표면의 고무는 폴리우
레탄으로 대체된 것이 특징이다.

불행히도 나는 새로운 우주복을 시험하는 일을 맡지 못했다. 그러나
2017년 8월, 표도르 유르치킨(Fyodor Yurchikhin)이 그것을 입고 처음으로
우주유영을 하는 것을 보았다. 모든 것이 순조롭게 진행되었고 새 슈트와
내부 온도조절기를 성공적으로 테스트하고 프로그램을 완료했다.

128 우주복에 코가 가려울 때 긁는 빗이 있나요?

우주복에는 "발살바(valsalva)"라는 특별한 장치가 있다. 두 개의 마디가 있
는 작은 패드로, 눌리면 코를 꼬집는다. 주위 압력이 낮아지면 몸속의 압

력을 귀를 통해 "분출"하기 위해 필요하다. 코도 긁을 수 있다. 우주복에 들어가자마자 "비열한 법칙(Law of Meannes)[*]"에 따르면 코가 즉시 가렵기 때문에 이것은 매우 유용하다.

129 우주비행사가 우주유영을 할 때 왜 항상 우주정거장에 묶여 있나요?

사고로 우주로 날아가지 않도록 우주비행사는 항상 우주정거장 어딘가와 연결을 한다. 만약 우주로 날아간다면 구출할 수 없다. 이러한 것을 피

우주정거장 외부에서 일하고 있는 세르게이 랴잔스키

---

[*] 머피의 법칙의 러시아 버전. — 역자 주

하기 위해 엔지니어들은 우주복에 제트팩을 부착하여 안전을 위한 추가적인 장치를 구축하고 있다. 올란의 단단한 표면에 장착되고 자동으로 작동한다. 만약에 우주비행사가 우주정거장 표면에서 미끄러진다거나 멀어지면 버튼을 누른다. 그러면 실린더의 마이크로 모터와 산소를 제트 기류로 사용하여 추력을 발생하고 무선 비콘 신호를 따라 안전하게 돌아오게 된다.

그러나 그러한 장치가 우주정거장에 없을 때를 대비하여 우리는 유영에 대한 일정한 규칙을 가지고 있다. 항상 우주정거장의 두 부분을 잡는 것이 필수적이다. 두 개의 밧줄을 연결하거나 하나의 밧줄과 손을 사용한다. 밧줄 하나만을 고정하고 두 손을 사용하는 것은 절대 안 된다. 이러한 규칙은 "추락"에 대한 이중 보험과도 같다.

130 미국인들이 "우주의자"를 만든 이유는 무엇인가요?

공식적으로 MMU(Manned Maneuvering Unit)라고 불리는 "유인비행장치 또는 우주의자(Space Chair)"는 우주왕복선 프로그램을 위해 개발되었으며, 우주에서 수리 및 설치 작업에 주로 사용되었다. 본질적으로 우주비행사는 자체 엔진이 장착된 소형 우주선인 "우주의자"를 타고 위성이나 궤도 플랫폼으로 날아가서 연구를 수행하고 다양한 조작을 통해 물체를 올바른 방향으로 밀어 넣는 작업을 한다. 우주의자는 필요한 경우 하나의 탈출 수단이 된다. 우주비행사가 셔틀의 외부 표면이나 수리 중인 위성의 표면에서 떨어져 나갈수도 있기 때문이다. 그러나 1984년 미션 중 우주의자는 3회의 테스트만 시행되었고 챌린저 셔틀이 파괴되는 바람에 폐기되고 말았다. 우주의자의 사용은 너무 위험한 것으로 간주되었다. 러시아도 유사한 시스템을 개발하고 테스트했지만 실제로 적용되지 않았다.

131 왜 우주정거장 바깥으로 나가나요?

우주정거장 외부에 설치된 장비를 수리하려면 우주유영이 필요하다. 노후화된 장비를 교체하고 새 장비를 설치하고 전체 케이블 네트워크를 다시 연결해야 한다. 그 외에도 "바이오리스크"와 같은 과학적 실험을 위해 우주정거장 밖에 살고 있는 미생물의 존재에 대한 샘플링 수행을 해야 하므로 우주유영이 필요하다. 우리는 우주 환경이 미생물에 어떻게 영향을 미치는지 알아보기 위해 샘플을 담은 특수 패널(합금 및 플라스틱)을 외부에 노출시킨다. 또는 과학자들에게 갖다 주어야 할 때가 되면 우리는 이것들을 수거해야 한다.

132 처음 우주유영을 할 때 기분이 어땠나요?

우주정거장에 있었던 2013년 11월 나는 첫 번째 유영에서 전 세계가 지켜보는 매우 중요한 순간인 올림픽 성화를 봉송해야 했다. 그래서 우주유영을 위해 바깥으로 나가는 그 순간의 감정조차 기억하지 못한다. 일반적으로 출구로 나갈 때 초보자에게는 10분의 자유시간이 주어진다. 그동안 주위를 둘러보고 작업할 손이 잘 움직이나 보고 다른 장비상태를 점검할

수 있다. 나에게도 적응할 시간을 주었다. 내가 바깥으로 나가자 지구는 "그런데, 여러분, 생방송이 15분 후에 시작됩니다."라고 말했다. 카메라를 배치할 시간이 없을 수도 있겠구나 생각했다. 정신이 없는 상태에서 나는 카메라 장비들을 서둘러 내려놓고, 밧줄을 걸고 무언가를 잡았다. 내가 해냈다! 그리고 불과 한 시간 반 후, 우리가 올림픽 성화를 마쳤을 때 그제야 내가 우주에 있다는 것을 생각해 냈다!

133 우주유영은 얼마나 걸리나요?

표준에 따르면 일반적으로 6~7시간이다. 내가 기억하는 한, 우주정거장에서 5번의 유영만이 8시간 이상 지속되었다. 2001년, 2011년, 2012년에 미국인 3번, 2013년과 2018년에 러시아인이 2번이었다. 올레그 까토프와의 두 번째 우주유영은 8시간 7분 동안 지속되었지만 얼마 되지 않아 알렉산더 미수르킨(Alexander Misurkin)과 안톤 쉬까플레로프(Anton Shkaplerov)는 8시간 12분으로 기록을 경신했다.

　두 가지 유영 모두 작업 측면에서 단순하지만 특별하다고 말할 수 있다. 까토프와 내가 캐나다 망원경 카메라를 설치하려고 우주유영을 했을 때 긴급 상황이 발생했었다. 설치를 끝냈는데 카메라가 작동하지 않아 즉시 다시 갖고 들어와야 했던 일이 있었다. 우리의 기록을 깨뜨린 동료들은 겉보기에는 평범한 일이었지만 특별한 순간이 있었다. 그들은 17년 동안 우주에 있었던 즈베즈다 모듈의 유닛을 변경해야 했다. 게다가 모듈을 설계할 때 아무도 언젠가는 장치를 제거하고 새 장치를 설치해야 한다고 생각하지 않았던 모양이다. 그래서 동료들에게 주어진 표준 시간 동안에 모든 수정작업을 한다는 것은 굉장한 모험이 되었다.

134　최초의 우주유영을 한 사람은 누구인가요?

최초의 우주유영은 1965년 3월 18일 소련 우주비행사 알렉세이 레오노프(Alexey Leonov)가 수행했다. 이것은 파벨 벨랴레프(Pavel Belyaev)가 사령관이었던 보스호드(Voskhod)-2 우주선 비행 중에 있었다. 이 우주선은 "보스토크"를 기반으로 제작되었으며 역사적으로 우주개발의 선두주자를 유지하기 위해 특별히 제작되었다. 우주유영을 떠나기 전에 2m 크기의 에어록을 열면 우주복이 풍선처럼 부풀려진다. 베르쿠트(Berkut) 우주복*을 입은 레오노프가 그 안으로 들어갔고 몇 분 후 압력이 0으로 떨어졌을 때 우주로 "떠올라" 그 아래에 있는 흑해와 코카서스 산맥을 보았다고 한다. 레오노프가 우주선 밖에 있는 동안 그의 우주복은 부풀려져 돌아왔는데 우주비행사는 즉시 에어록에 들어갈 수 없었다. 그래서 그는 베르쿠트 우주복의 내부 압력을 먼저 줄이고 나서야 헤엄치듯이 해치 헤드로 들어왔다. 뚜껑을 닫은 후 레오노프는 어렵게 돌아서서 마침내 조종석에 들어갔다. 총 외출 시간은 23분 41초였다. 이 과정은 우주선에 설치된 텔레비전 카메라로 녹화되었다. 이 사진은 토파즈(Topaz) 무선 전송 시스템을 통해 방송되었다.

135 가장 긴 우주유영을 마친 사람은 누구인가요?

오늘날 가장 긴 우주유영 기록은 미국인 제임스 보스(James Voss)와 수잔 헬름스(Susan Helms)가 가지고 있다. 2001년 3월 11일 우주선 디스커버리를 떠나 국제우주정거장의 유니티 도킹 모듈 작업을 할 때만 해도 그들은 기록을 깨지 않았다. 그때가 보스에게는 세 번째 우주유영이었고 헬름스에게는 첫 번째였다. 작업 중 몇 번의 작은 실수가 있었고 우주비행사는 1시간 동안 일정을 벗어났기 때문에 휴스턴의 임무제어센터는 그들에게 에어록으로 돌아가라고 명령했다. 그러나 그곳에서 우주비행사는 1시간 더 기다려야 했다. 가압 어댑터를 한 도킹 스테이션에서 다른 도킹 스테

---

* 보스호드 우주선에서 우주유영을 위해 만들어진 러시아제 우주복. 황금독수리라는 의미이다.

이션으로 옮기는 절차를 확인해야 했기 때문이다. 그 작업은 셔틀의 온보드 조작기를 사용하였다. 모든 것이 정상인지 확인한 후 우주비행사는 에어록을 부풀려 들어왔는데 8시간 56분 동안 진공 상태에 있었다는 것을 알아채고 놀랐다!

136 우주유영을 나갈 때 어떤 어려움이 생기나요?

심리적으로 스트레스가 많다. 높은 책임에 대한 이해가 필요하고 얇은 우주복을 입고 주변이 진공인 공간에 있어야 하기 때문이다. 그리고 육체적으로도 매우 힘들다. 우주복은 내부 압력 때문에 부풀려지고 그래서 소매는 마치 1kg 무게의 덤벨을 들고 있는 것과 같은 저항을 느끼게 된다. 이러한 저항을 이기고 손을 뻗고 접으면서 마음대로 움직일 수 있어야 한다. 무게가 가볍다 하더라도 어느 정도 되면 피곤해지지만 작업을 멈출 수 없다.

한편으로는 나는 이 작업이 멋지고 터프해서 좋아한다. 우주유영을 4번이나 했다는 것은 큰 행운이라고 생각한다. 우주비행을 2번이나 해도 우주유영이 전혀 없는 우주비행사들이 있다.

137 무서웠나요?

가장 두려운 것은 어떤 상황에 내가 대처할 수 없다거나 작업을 끝까지 끝낼 시간이 없어서, 나를 믿었던 사람들을 실망시키는 것이다. 나는 모든 일을 최선의 방법으로 하는 것이 특히 중요했다. 왜냐하면 첫 번째 유영에서 역사적으로 중요하고 공개된 행사인 올림픽 성화를 수행하도록 배정되었기 때문이다.

하지만 막상 우주로 나가면 두려움은 사라진다. 주변에 비현실적인 아름다움이 있기 때문이다. 올레그 까토프는 첫 번째 유영에서 진정한 즐거움을 얻는 방법을 보여주었다. 우주정거장이 그림자에 들어가 임무제어센터와의 통신이 중단되면 공식적으로 휴식이 시작된다. 지상에서는

우주유영을 하면서 작업하고 있는
세르게이 랴잔스키

우주비행사가 운영자의 통제 없이 작업하는 것을 정말 좋아하지 않는다. 까토프는 즉시 헬멧에 장착된 손전등을 끄고 매달린 밧줄만큼 우주정거장에서 멀리 떨어졌다. 나도 그의 행동을 똑같이 따라 했다. 그러자 놀라운 순간이 왔다. 당신이 어둡고 별이 빛나는 하늘과 아무소리도 들리지 않는 곳에 홀로 있다고 생각해 봐라. 몇 분 동안이지만 우주유영은 충분한 가치가 있다.

138 천사를 본 적이 있나요?

없다! 우주비행사 중 누구도 보지 못했다. 내가 아는 한 천사에 대한 이야기는 언론인이 만들어낸 것이다.

139 지구를 보면서 어떤 생각을 했나요?

내가 일해야 한다는 것이 먼저 생각난다. 그리고 나서야 와우! 아름답고 훌륭한 모습이 보인다. 일반적으로 우주로 나갈 때 지구에 대한 인식의 차이가 바로 느껴진다. 우주정거장의 창을 통해 볼 때는 어떤 방향이든 시야가 제한된다. 행성 전체가 이 창에 맞지 않는다. 그러나 우주 공간에서는 헬멧을 쓰고 있는 머리를 돌려 지구를 보면 그것이 여전히 둥글고 코끼리, 고래 및 거북이가 어딘가에 숨겨져 있다고 느낄 수 있다.

140 우주 공간에 있으면서 지구와 우주를 배경으로 스스로의 존재가 작게 느껴지나요?

물론 내 자신이 작다고 느낀다. 지구를 바라보고 있으면 저기에 프랑스 파리가 있고, 저기에는 2천만 명이 넘는 사람들이 사는 모스크바가 있다. 그러면 우리가 얼마나 작은지 그리고 우리 주변의 모든 것이 얼마나 큰지 바로 이해가 될 것이다.

141 올림픽 성화를 우주로 가져가는 것은 어땠나요?

성화는 2013년 11월 초 소유즈 TMA-11M를 타고 미하일 튜린(Mikhail Tyurina)이라는 승무원이 가져 왔다. 당시 우주정거장은 지금과는 달리 상황이 좋지 못했다. 한 번에 9명, 승무원이 머물 수 있는 캐빈은 6개뿐이었다. 따라서 성화를 가져온 우주비행사 한 명은 창고에, 다른 한 명은 유럽 모듈에 거주했으며 미샤(Misha)는 칼슨(Carlson)처럼 천장에 있을 수밖에 없었다.

올림픽 성화를 우주 공간으로 운반하고 있는 세르게이 랴잔스키와 올레그 까토프

여하튼 올레그와 나는 횃불을 우주 공간으로 가져가 카메라 앞에서 포즈를 취했다. 그러고 나서 다른 승무원들과 함께 돌아간 표도르 유르치킨이 그 횃불을 지구로 가져와서 올림픽위원회에 넘겼다. 마지막으로 블라디슬라브 트레티악과 이리나 로드니나가 2014년 2월 7일 소치에서 열린 올림픽 개막식에서 불을 피운 것이 이 횃불과 관련이 있다는 것을 기억한다. 비록 그 횃불이 우주에서 빛을 내지는 않았지만 작동은 잘 됐다.

그건 그렇고, 이 아이디어 자체가 새로운 것은 아니다. 1996년 여름에 첫 번째 횃불이 우주로 갔었다. 미국 애틀랜타에서 올림픽이 개최되기 전에 컬럼비아 셔틀을 탔다. 두 번째로 2000년 5월 호주 시드니에서 열린 올림픽 전에 아틀란티스 셔틀을 타고 여행하기도 했다. 그러나 우리는 조금 더 나아가 그 횃불을 우주 공간에 직접 가져갔다. 물론 걱정이 많았지만 가장 인상적이었던 것은 사실이었다.

142 우주복이 감압되면 어떻게 해야 하나요?

당연히 우리는 특별한 훈련을 통해 이것을 준비하고 있다. 감압이 되면 우주정거장에서 나올 때 사용하지 않았던 예비 실린더를 켠다. 누출에 의한 감압은 산소 공급으로 보상된다. 압력 손실이 치명적이기 전에 남은 시간을 알려주는 표를 장갑에서 볼 수 있다. 이런 일이 발생되면 우주비행사는 모든 작업을 중지하고 도킹 모듈의 해치로 날아가서 우주정거장으로 돌아가야 한다.

143 우주유영 중에 긴급 상황이 발생한 적이 있나요?

그렇다. 그 당시 우리는 나사 하나를 풀지 못했었고, 40분 동안 그것을 가지고 싸웠다. 안테나가 붙어서 접을 수가 없었던 적도 있었다. 한번은 출구 가까이에서 열 제어 시스템의 펌프가 고장 났었다. 물론 자동적으로 즉시 예비 장치로 전환되었지만 나중에 동료들은 우주복에서 이 펌프를 교체해야 했다.

144 우주 공간은 얼마나 따뜻하고 얼마나 춥나요?

일반적으로 빛이 비치는 곳은 덥고 그늘에서는 매우 춥다. 대류가 없으므로 모든 열이 복사를 통해 전달된다. 따라서 표면온도는 영상 70°C에서 영하 70°C까지 다양하다.

처음 우주 공간에 나갔을 때는 손에 땀이 났던 것으로 기억한다. 그리고 우주정거장이 지구의 그림자로 들어가자 엄청나게 추워졌다. 뼛속까지! 그래서 나는 어린 시절에 했던 것처럼 손가락을 장갑에 넣고 따뜻하게 했다.

145 비행 중 신체는 어떻게 변하나요(키, 몸무게 등)?

사람에 따라 다르다. 정상적인 중력에서는 척추가 압축이 되지만 중력이 없는 우주정거장에서는 척추 사이의 공간이 늘어나게 되고 정말로 키가

우주정거장에 탑승한 슈퍼히어로 승무원

큰다. 일반적으로 키는 3cm 이내로 커지지만 전문가들은 최대 5cm까지
도 커질 수 있다고 한다.

　무게도 개인마다 다르다. 누군가는 스트레스 또는 신체 특성으로 인
해 몸무게가 줄어든다. 그래서 나는 매번 기록을 했다. 첫 비행에서 나는
몸무게가 많이 늘었다. 비행 전에 69kg였는데 우주정거장에 도착해서 재
보니 83kg였다. 두 번째 비행에서는 비행 전에 73kg, 도착할 때는 76kg였
다. 첫 번째와 두 번째 비행 시 비행 전과 비행 후 체중이 모두 증가했다.
이유는 아마도 내가 지구상에서 매우 능동적인 생활 방식과 다양한 일로
바빴으나 우주정거장에서는 적절한 운동도 하지만 근육에 대한 부하가
여전히 적었기 때문일 것이다.

또한 후각도 변한다. 왜냐하면 코가 끊임없이 막히기 때문이다. 시력도 변하지만 이 문제는 아직 조사 중이다. 갑자기 발뒤꿈치에서 털이 나기 시작하고 다리에서 거친 피부가 벗겨지기 시작하고 발뒤꿈치가 부드럽고 분홍색이 되고 그리고 젊은이의 머리칼로 바뀌는 것을 보면서 내가 〈반지의 제왕〉의 호빗으로 변할지 모른다는 생각을 했다.

146 우주정거장에서 무엇을 입나요? 어떤 신발을 신나요?

우주정거장 안에서 우주비행사가 편하게 생활할 수 있도록 특별한 옷이 만들어지는데 형태도 매우 다양하다. 많은 사람들이 티셔츠와 반바지를 선호한다. 나는 무중력 상태에서 물건들을 옷에 두는 것이 유용하기 때문에 주머니가 많은 스포츠 셔츠와 같은 티셔츠와 긴 바지를 입었다. 플래시 드라이브, 카드, 도구는 항상 가까이에 있도록 했다. 두 번째 비행에서 우주용 티셔츠가 생겼는데, 보통 티셔츠보다 더 편해서 정말 좋아했다.

비행 전에 의류 형태와 색상을 선택해야 한다. 일부 동료는 밝은 빨간색 또는 밝은 노란색 색상을 선택하기도 하지만 나는 진한 녹색, 파란색, 베이지 색과 같은 차분한 색상을 선택했다. 첫 비행에서 지휘관이 충고를 했음에도 불구하고 큰 모직 옷을 가져갔는데 가져가지 않았어야 했다. 정말 쓸모없었다. 그래서 두 번째 비행에서는 가져가지 않았다.

또한 우리는 각자의 기호에 따라 양말을 선택하지만, 신발은 우주정거장에서 거의 사용되지 않는다. 그러나 맨발로 뛸 수 없으니 런닝머신을 위한 운동화가 있다. 운동용 자전거의 페달에 끼는 자전거 신발도 있다.

여름용 티셔츠는 스포츠 티셔츠보다 낫고 신선한 과일과 채소는 통조림보다 낫다고 하는
세르게이 랴잔스키

모피 부츠 같은 소련 우주비행에서 부터 물려받은 재미있는 신발도 있다.
그것들이 쓸모 있었던 때가 있었다는 것을 알고 있지만 나는 결코 신어
본 적이 없다. 올림픽 성화를 들고 떠났을 때 마이클 홉킨스(Michael
Hopkins)는 도킹된 소유즈 옆에 있는 구조 모듈에 앉아 있었다. 안전 규칙
에 따라 빠른 도킹의 경우 모든 승무원이 우주선 옆에 있어야 한다. 그리
고 구조모듈에는 난방이 안 되기 때문에 그곳은 매우 추웠다. 따라서 불
쌍한 그 친구를 위해 따뜻하게 할 수 있는 모든 것을 모았고 모피 부츠는
그에게 매우 유용했다. 승무원들은 가끔 원래 목적이 아닌 가열 패드를
사용해서 죽을 만들기도 한다. 오트밀 봉지에 끓는 물을 넣고 봉지를 모
피 부츠에 넣으면 거기서 부풀어 맛있고 따뜻해진다.

147 외계인을 만난 적이 있나요?

나는 외계인이 존재한다고 믿는다. 과학자로서 나는 통계적으로 많은 세계, 행성, 별, 은하계에는 지적인 생명체가 있어야 한다는 것을 느낄 수 있다. 그리고 순전히 인간적인 방식으로 이 우주에 우리만 있다고 생각하는 것은 모욕적이고 불쾌하다. 그들과 관련된 재미있는 이야기가 많이 있지만 지금까지 외계인의 존재에 대한 증거는 없다.

첫 비행이었다. 올레그 까토프와 나는 저녁에 차를 마시고 있었다. 이미 충분히 늦은 시간이었다. 그런데 갑자기 우리는 우주정거장을 강하게 노크하는 소리를 들었다. 똑, 똑 똑! 우리는 우주정거장 벽의 두께가 1.5mm인 것을 기억해냈고 노크 소리가 밖으로 퍼져나가고 있었다. 당연히 우리는 바로 일어나서 뭔가 고장이 났는지 알아보려고 계속 노력했다. 우리는 3개월 반 동안 비행해 왔고, 피곤해서 자기 위해 몸을 묶을 시간(자는 시간)이었지만 의심스러운 소리가 두 사람 모두에게 들린다는 것은 공포로 와 닿았다. 우리가 서로를 쳐다보고 있는 동안 다시 들렸다. 우리는 주변을 둘러보기 시작했다. 우주정거장의 벽은 패널로 둘러싸여있고, 모듈 자체는 둥글고 내부 작업 공간은 정사각형이며 패널 뒤에 창고가 만들어 지거나 장비가 있다. 결국 노크가 발생한 곳은 생명유지시스템임을 발견했다. 우리는 생명유지시스템에 어떤 종류의 부품이 있는지 큰 소리로 하나씩 불러보기 시작했고 마침내 어디가 고장 났는지 이해가 됐다.

우리는 다양한 수리 방안에 대해 논의하고 있었는데 다시 노크가 있었고 그 소리가 도킹된 화물선으로 이동하고 있었다. 그때 처음으로 우주정거장에 부상당한 외계인이 있을지 모른다고 생각했었다. 나는 그 소음을 따라 갔고 올레그는 가장 똑똑한 우주비행사처럼 중앙컴퓨터로 날아갔다. 내가 그를 쳐다보자 그는 손을 흔들어 나를 불렀다. 컴퓨터에는 로그 파일이 실시간으로 실행되는 창이 있으며 우주정거장에서 처리되는 모든 프로세스를 볼 수 있다. 그 로그 파일에서 뭔가를 발견했다. 지구 측에서 승무원에게 얘기하지 않고 화물선에서 우주정거장으로 연료를 주입하는 시스템을 켰고 이 시스템의 밸브가 열리면서 아마도 일부 구조물을 두드린 것으로 나타났다. 다음날 아침 올레그는 지상의 임무제어센터에 연락하여 다음과 같이 말했다. "여러분, 알려줄 것이 있다! 물론 우리

는 성공적으로 수리를 했지만, 대화가 충분치 않은 것 같다."

때로는 자연적인 UFO를 볼 수 있었다. 우주 공간에서 무언가 날아다니면서 깜빡거리는 것이 있다. 바로 광학 장치를 가지고 조준을 했더니 그 물체는 벗겨진 페인트 조각이었다. 이 우주정거장은 20년 동안 궤도에 있었고 주변에 잔해가 많다. 그래서 우주정거장 주변의 잔해도 무중력에서 천천히 회전하고 주기적으로 태양 광선을 반사하면서 날아간다.

우주정거장의 창문을 통해서 우주 물체의 실제 크기와 모양을 결정하는 것은 매우 어렵다. 종종 외계인을 믿는 사람들이 우주에서 나오는 어떤 종류의 영상을 보고 이렇게 말한다. "비행접시가 날아간다!" 그러나 실제로 이것은 우주비행사 활동의 결과일 수 있다. 우리가 우주유영을 하면서 혹시나 남겨 놓았던 안전 줄을 위한 걸쇠 등이 당신에게는 비행접시 무리로 보일 수 있다.

148 외계인과의 첫 접촉을 위한 지침이 있나요?

정해진 지침은 없다. 그러나 권장 사항은 있다. 예기치 않은 상황이 발생하면 그 상황에 맞게끔 대처하도록 한다. 물론 특별히 만남을 위한 준비는 하지 않는다. 우리의 임무는 비행, 과학 프로그램 수행, 우주정거장 수리다. 만약 외계인이 갑자기 나타나면 그 상황을 고민해서 무언가를 알아낼 것이다.

149 우주에 메모가 담긴 병을 던져서 언젠가 다른 행성의
누군가가 그것을 읽을 수 있도록 하면 어떤가요?

좋은 아이디어다. 우주비행사는 주기적으로 위성을 수동으로 발사하기도 한다. 그러나 불행히도 우주정거장에는 유리병이 없다. 우리는 모든 것을 가방에 넣어서 갖고 있다.

150 우주에서 운동을 해야 하는 이유는 무엇인가요?

반드시 해야 한다! 문제는 우리 몸이 놀랍도록 단순하다는 것이다. 무언가를 지속적으로 사용하지 않으면 그것은 퇴화된다. 예를 들어, 책을 읽지 않고 뇌를 사용하지 않으면 몸은 매우 빨리 그 기능을 없애려 들것이다. 농담이다. 그러나 모든 농담에는 이유가 있다.

끊임없는 두뇌 훈련 없이는 빠르게 생각하고 분석하는 능력이 눈에 띄게 감소하는 것은 확인된 사실이다.

근육의 경우는 더 명확하다. 지구에서도 그렇지만, 특히 우주에서 운동을 하지 않으면 근육이 연약해지고 붕괴되기 시작하여 결합 조직으로 대체된다. 이것을 위축이라고 한다. 전문가들은 이를 피하기 위해 모든 우주비행사에 대한 자체 운동 일정을 작성한다.

151 우주정거장에는 어떤 운동시설이 있나요?

훈련은 지구력, 속도 및 힘을 위한 것이어야 한다. 따라서 우리는 트랙을 따라 달리고 페달을 밟고 저항 밴드를 사용한다. 또한 우주정거장에는 뛰어난 ARED라는 미국식 운동기구가 있다. 이 훈련기는 앉거나 눕거나 서서 사용할 수 있는 컴퓨터 바벨이다. 당신이 훈련기를 조정하면 당신에게 줄 부하의 종류를 직접 보여준다. 현재 유사한 시스템도 개발 중이지만

ARED 운동기구로 훈련을
하고 있는 미국 우주비행
사 리차드 마스트라치오
(Richard Mastracchio)
(사진: NASA)

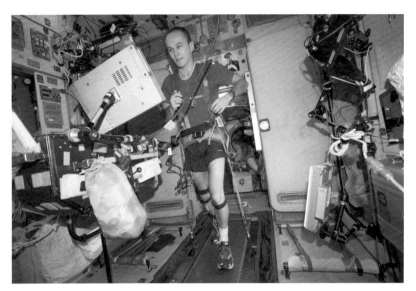

우주정거장 러시아 모듈의 트레드밀에서 운동을 하고 있는 세르게이 랴잔스키

지금까지 논의 중인 몇 가지 옵션이 있다.

러시아와 미국 모듈에는 두 대의 런닝머신, 두 대의 자전거가 있지만 완전히 다른 디자인이다. 러시아 모듈에 파워 로더가 있지만 나는 운이 안 좋아 사용하지는 못했다. 첫 번째 원정대가 설치하였지만 작동하지 않았고, 두 번째로 설치했지만 빨리 망가져버렸다.

물론 가장 좋은 운동은 트랙을 달리는 것이다. 그러나 조금만 밀어도 날아 가버리는 무중력에서 어떻게 달릴 수 있을까? 우주비행사는 특수 조끼를 입는데 이 조끼는 줄로 트랙에 연결되어 있다. 끌어당기는 힘은 컴퓨터에 의해 제어되며 그날 실행할 부하를 설정할 수 있다. 예를 들어, 50kg의 하중을 가하면 그날의 체중은 50kg다. 당연히 비행이 끝날 무렵 귀환하기 전에 근육을 복원하기 위해 당기는 힘을 점점 세게 늘려서 하중을 증가시켜야 한다.

152 우주정거장에서 스포츠 대회가 개최된다는 것이 사실인가요?

그렇다. 첫 비행에 우리는 무중력 상태에서 축구 경기를 했다. 매우 독특하고 재미있는 경험이었다. 그리고 배드민턴 라켓이 우주정거장으로 배달된 적이 있는데 알렉산더 미수르킨과 나는 그 라켓으로 경기를 하곤 했다. 내가 지구로 돌아온 2018년 1월에는 승무원들은 토너먼트를 개최했다고 한다. 테이블이 필요하지 않기 때문에 라켓만 있으면 탁구도 할 수 있다. 그러나 우리는 일부러 대회를 개최하지는 않았다. 그냥 주말이나

우주정거장에서의 배드민턴 경기

휴일에 승무원의 팀워크를 높이고 즐기기 위해서만 운동한다.

153 운동하는 동안 우주정거장은 지구를 몇 바퀴나 도나요?

한 바퀴는 한 시간 반이다. 이 시간이면 충분히 운동을 할 수 있다.

154 우주비행사는 무엇으로 글을 쓰나요?

첫 비행에서 우주비행사는 연필을 사용했지만 흑연 납이 부서질 수 있어서 무중력 상태에서는 위험할 수 있다 왜냐하면 부스러기가 글 쓰는 사람의 눈이나 폐에 들어갈 수 있기 때문에 시간이 지남에 따라 왁스 연필로 전환했다. 그러나 그것도 단점이 있었다. 글씨가 모호하고 너무 흐릿해서 잘 구분이 되질 않았다. 1965년 미국 발명가 폴 피셔(Paul Fisher)는 밀봉된 가압 잉크 카트리지가 들어있는 "중력 방지" 펜에 대한 특허를 받았다. 그 펜은 미국 아폴로 우주선과 소련 시대 소유즈의 승무원이 비행할 때 우주에서 사용했다. 오늘날 우주비행사들은 그 볼펜으로 글을 쓴다. 생산 기술도 피셔의 발명품보다 결코 못지 않을 정도의 수준에 도달했다.

155 우주비행사도 그림을 그리나요?

그렇다. 그러나 우주정거장에서 연필로 그린 그림을 보지 못했다. 나도 시도한 적이 없다. 그러나 수채화로는 그림이 가능하다는 생각이 든다.

156 우주정거장의 중심은 무엇인가요?

우주정거장의 "심장"은 제어컴퓨터라고 할 수 있다. 미국 측은 제어컴퓨터를 제어기계 MDM(멀티플렉서/ 디멀티플렉서)이라고 부르며, 러시아에는 이에 해당하는 중앙 컴퓨터 CVM이 있다. 두 시스템은 끊임없이 데이터를 교환하고 있다. 한 컴퓨터는 센서로 부터 신호를 수신하고 즉시 "파트너"에게 전송한다. 파트너는 그것들을 사용하기도 하지만 단순히 보관하기도 한다. 우선, 두 시스템은 우주정거장의 3차원 공간 위치인 상태 벡터에 대한 데이터를 서로 교환한다. 그러한 데이터는 우주정거장이 앞으로 어떻게 될 것인지 그리고 우리가 다음에 무엇을 할 것인지를 이해하는 데 필요하다. 또한 상태 벡터는 우주선과 지구의 임무제어센터로 전송된다. 또 양측의 제어컴퓨터들은 중요한 시스템, 전력 소비, 재고 등에 대한 정보를 교환한다.

157 우주정거장에 있는 러시아 컴퓨터와 미국 컴퓨터는 서로 도움을 주고받나요?

여러 단계별로 다르게 서로 도움을 준다. 미국 MDM이 국제우주정거장 전체를 끌고나가는 시스템으로 간주하고 있다. 비행의 일부 단계에서 러시아 컴퓨터로 명령을 전송하기도 한다.

평상시에 각 컴퓨터는 자체 부문을 담당한다. 러시아 우주선이 정박하면 러시아 컴퓨터가 작동하고, 미국 우주선인 경우는 미국 컴퓨터가 담당하는 방식이다.

우선순위가 더 중요한 곳으로 명령이 전송된다. 게다가 각 시스템은 각자의 지역에서 복제된다. 러시아 CVM은 3번, 미국 MDM은 2번이다.

158 우주정거장의 컴퓨터는 얼마나 강력한가요?

우주정거장의 컴퓨터는 성능이 그렇게 뛰어나지 않다. 그러나 그들의 신뢰성에서 놀랐다. 상용 컴퓨터는 우주 방사선에 매우 취약하고 수명이 짧지만 우주정거장의 컴퓨터는 수십 년 동안 사용해야만 한다.

또한, 우주정거장에서 우리는 서로 다른 기능을 가진 약 100대의 레노버 씽크패드(Lenovo ThinkPad) 노트북을 사용한다. 하나는 인터넷에 연결되어 있고, 다른 것들은 내부 네트워크에 사용된다. 하나는 시스템과 "대화"하고 다른 것들은 사용자와 "대화"한다. 매우 오래된 모델이 있고 새로운 모델이 있으며 고해상도로 사진을 처리하기도 한다. 우리의 건강, 생물학적 적응을 추적하는 노트북도 있다. 제어컴퓨터는 리눅스(Linux) 운영 체제를 실행하고 나머지는 윈도우 XP(Windows XP)를 실행한다.

159 우주정거장에 인터넷이 있나요? 속도가 빠른가요?

물론 우주정거장에 인터넷이 있다. 연결은 위성을 통해 이루어지며 속도는 매우 느리다. 화려하지 않은 가장 평범한 사이트를 로드하는 데 최대 5분이 소요되는 경우가 있다. 액세스 속도를 높일 수 있지만 외부 네트워

우주정거장에서 인터넷으로 전 세계에 연락을 하고 있는 세르게이 랴잔스키

크와 함께 작동하는 컴퓨터에서 주 채널의 자원은 과학 관련 데이터로 할당된다. 원격 측정 또는 실시간 과학 실험의 영상비디오 녹화를 인터넷을 통해 내려 보낸다. 하지만 뉴스와 텍스트 방송을 안전하게 시청할 수 있다. 소셜 네트워크에 사진을 업로드 해야 하는 경우 몇 분 정도 기다려야 한다. 동영상은 훨씬 더 복잡하다. 일단 나는 그 영상들을 지구의 연구원들에게 내려 보내면 그들이 수집, 처리하여 가공하는 과정을 수행한다.

160 하루 동안 소셜미디어에 얼마나 많은 시간을 보내나요?

처음 우주선을 타고 우주정거장에 갔을 때는 거기서 소셜네트워크에 직

접 액세스할 수 없었다. 그러나 두 번째 비행에서는 그것이 가능했고, 모든 승무원들은 가능할 때마다 블로그를 유지해야 한다. 왜냐하면 이것은 우주비행의 대중화, 즉 우리 작업의 필수 부분이기 때문이다. 솔직히 말해서 나는 소셜네트워크를 통해 끊임없이 의사소통하는 것을 좋아했는데 이는 승무원들에게 심리적으로도 유용한 것으로 밝혀졌다. 우리는 우주정거장에 대해 이야기하고, 새로운 이미지를 업로드하면 즉시 많은 사람들이 반응하며 서로 대화를 한다. 이것, 저것 사진을 찍고 이것, 저것에 대해 얘기 한다. "오늘 시내에 불꽃놀이가 있다. 도시 근처에 큰 불이 났다. 제발 꺼주세요."라고 농담도 한다. 사람들과 소통할 기회가 있다는 것

은 아주 기분 좋은 일이다.

161　우주비행사는 가족과 어떻게 의사소통하나요?

소통할 수 있는 주요 수단은 이메일이다. NASA 서버를 통해 별도의 채널로 이동하며, 허용된 연락처 목록에 있는 사람들은 우리에게 메일을 보낼 수 있다. 여전히 정상적인 삶에서 크게 벗어나지 않는다. 친구들은 당신에게 편지를 쓸 수 있고 가족들과 의사소통을 하기 때문이다.

　또한 우주정거장에서 세계 모든 곳에 위성 전화를 걸 수 있다. 예를 들어, 아내에게 전화를 걸어 어떻게 지내는지 알아볼 수 있다. 과학자에게 전화를 걸어 다가오는 실험의 세부사항을 논의할 수 있다. 친구들에게 전화해서 생일 축하한다고 할 수도 있다. 현대의 의사소통 방법은 인간 정신의 놀라운 발명품이며 우주에서도 많은 도움을 준다.

162　어떻게 생일을 축하하나요?

친척과 친구들은 매번 독창적인 것을 생각해내려고 한다. 그들은 재미있는 비디오를 녹화하고, 플래시 몹을 만들고 시를 읽는다. 그들이 해놓은 것을 보면 놀랄 때가 많다. 미하일 갈루스띠얀(Mikhail Galustyan)은 "코메디 클럽" 전체가 나를 축하하는 비디오를 녹화했다. 정말 반짝반짝한 아이디어였고 즐거웠다. 나는 미샤에게 감사의 말을 전했다.

　또한 승무원들도 선물을 주었는데, 매우 기쁜 일이었다. 업무와 관련

생일에 선물을 받은 세르게이 랴잔스키

이 없는 "추가" 물건을 우주정거장으로 들여오는 것이 얼마나 어려운지 알고 있기 때문이다. 그리고 동료들이 다가오는 생일에 대해 미리 생각했음을 이해한다. 첫 번째 비행과 두 번째 비행에서 미국인들은 빨간 캐비어 통조림으로 나를 축하했다. 빨간 캐비어는 냉장고에 보관되어야 하므로 우주정거장으로 운송되는 것이 금지되어 있는 것이다. 그러나 두 번 모두 경영진과 합의하에 선물을 반입했다. 나는 보통 동료들에게 다양하고 재미있는 글씨가 새겨진 티셔츠를 준다. 그런데 몰래 들여오는 것이 훨씬 쉽다.

163 우주정거장에 있는 우주비행사에게 어떻게 연락할 수 있나요?

직접 연락할 기회는 없다. 가까운 친척이나 임무제어센터 직원을 통해서만 연락할 수 있다. 이것은 불필요한 접촉으로부터 보호하기 위해서 의도적으로 그런 절차를 만든 것이다. 만약 당신이 중요한 사업을 하고 있고 우주비행사가 당신을 알고 있다면, 가까운 친척의 누군가에게 요청해서 우주비행사가 당신에게 전화하게 할 수 있다. 화상통화는 임무제어센터에게 공식적으로 요청한 특별한 경우에만 허용된다.

164 우주비행사에게 모든 것에 대해 사실대로 알려주나요?

일반적으로 알려주는 범위는 심리지원 서비스를 통해 먼저 의논된다. 모든 경우는 아니지만 전문가가 세부 사항을 논의하고 처방한다. 누군가 나이 드신 친척이 있다고 가정해 보겠다. 그 친척이 병원에 가면 알려줄까? 안 알려줄까? 그런 소식이 우주비행사의 작업에 영향을 미칠까? 누가 알려줄까? 신뢰할 수 있는 사람 또는 다른 친척? 개인적으로는 어떤 경우에도 소통이 필요하다고 생각한다. 우리는 잘 준비되어 있고 일하는 능력을 잃지 않고 이런 종류의 스트레스에서 살아남을 것이다. 우리는 성인이므로 삶은 삶일 뿐이라는 것을 이해한다. 우리가 없을 때 모든 일이 일어날 수 있다. 보통 삶에서 일어나는 문제는 단순하지 않다. 미국인들은 그러한 문제들을 정형화시켰지만, 러시아는 특별히 그렇게 하지는 않았다.

165 우주정거장에서 여가 시간을 보내는 것은 어떤가요?

누구나 시간을 "죽이는" 방법이 있다. 사실 선택할 수 있는 것이 그리 많지는 않다. 누군가는 스포츠를 즐기고 추가로 헬스를 한다. 경치가 매우 아름답기 때문에 많은 사람들이 우주정거장과 지구를 사진으로 찍는다. 짧은 시간이지만 첫 번째 비행에서 나는 6만 5천 장의 사진을 찍었고 두 번째 비행에서 나는 25만 장을 가져왔다. 우주정거장에는 기타 두 개, 전자 타악기가 있어서 가끔 기타를 들고 구석으로 가서 줄을 튕긴다. 하지만 창고를 정리하고, 물건을 분류하고, 과학자의 질문에 답하는 등의 평상시 완료하지 못하거나 추가로 필요한 업무를 하는 경우가 많다. 우주정거장에서의 생활은 끊임없는 일의 연속이다. 그리고 그 생활은 일정을 계획하는 지구뿐만 아니라 승무원에게도 달려 있다.

166 우주정거장에서 영화도 보나요?

본다. 보통 우리가 특정 영화를 주문하면 심리지원 서비스가 인터넷을 통해 우리에게 업로드해 준다. 두 번째 비행에서는 특별히 합의된 시간도 있었는데, 보통 토요일에 모든 승무원들과 함께 모여 영화를 봤다. 우리는 좋은 전통을 확립했다.

프로젝터와 볼 수 있는 화면이 있다. 그런 다음 영화에 대해 토론한다. 한번은 2017년에 발표된 4개의 할리우드 신작을 연속으로 보았는데 그 영화에서 "나쁜 녀석"으로 나오는 사람이 다 러시아인이었다. 그러나 영

위대한 아버지들!

화들은 오랜 시간 동안 재미와 재치가 있었다.

차례로 영화를 선택한다. 누군가는 말한다. "좋아하는 영화가 있는데 나는 다섯 번을 봤다. 같이 보지 않을래?" 물론 영화가 상영되지 않거나 마음에 들지 않는다면 다른 사람들을 방해하지 않고 항상 객실로 돌아갈 수 있다. 그러나 보통은 영화를 끝까지 같이 본다.

여가 시간에는 노트북에서 개별적으로 볼 수도 있다. 지구상의 친구들은 내가 시대에 뒤처져 있고 〈왕좌의 게임〉의 에피소드 1개도 보지 않았다는 사실을 항상 부끄럽게 생각했다. 그 결과 나는 우주에서 시즌 7까지 모두 보았다.

또 다른 옵션은 의무적인 신체 활동을 하면서 영화나 드라마를 볼 수도 있다. 당신은 러닝머신에 올라서 벨크로에 붙여진 태블릿에 시리즈를 넣어서 걸으면서 시청할 수 있다. 그런데 기본적으로 영어판을 봤기 때문에 영어 공부도 되었다. 나는 요즘 연재하는 영국 TV시리즈 〈셜록〉을 좋아한다. 셜록은 키가 작더라. 첫 비행에서 그것을 빨리 알아차렸으나 매우 좋아하기 때문에 지금도 그것을 다시보곤 한다.

167 우주정거장에서 음악도 듣나요?

운동 중에도 듣는다. 바벨, 달리기 또는 페달을 누를 때도 듣는다. 보통은 내가 가져간 음악이지만 심리적 지원을 받는 동료들이 찾아달라고 요청한 음악들도 듣는다. 나는 러시안 록을 좋아해서 종종 2~3시간 동안 내쉬 라디오 방송 녹음을 주문했다. 물론 각자 자기만의 음악을 갖고 있다. 예를 들어, 두 번째 비행에서 금요일은 "러시아의 날"로 정했다. 알렉산더 미수르킨과 내가 사람들을 위해 저녁 식사를 준비했고 모두가 모였다. 미국인 비행사 3명과 이탈리아인 비행사 1명이 초대되었고, 녹음된 파일이지만 다들 러시아 음악 듣는 것을 매우 좋아했다.

168 우주비행사는 어떤 노래를 애국가로 간주하나요?

우주비행사 팀의 애국가는 알렉산드라 파흐무따바(Alexandra Pakhmutova)

와 니콜라이 다브론라보프(Nikolai Dobronravov)[*]의 노래 〈Hope(희망)〉이다. 어떻게 그렇게 되었는지 모르지만 놀랍도록 어울리는 노래다. "알 수 없는 별이 빛나고 있다. 다시 한 번 우리는 집에서 멀리 떨어져 있다." 이외에도 물론 다른 멋진 노래가 있으며 모두가 자신이 좋아하는 노래를 가지고 있다. 우주정거장에는 기타, 색소폰 및 전자 타악기 등 일터에서 즐거운 시간을 보낼 수 있는 충분한 악기가 있다. 때로는 함께 모여 모두 노래를 부르기도 한다.

169 우주정거장에서 책도 읽나요?

책도 마찬가지다. 우주비행사는 독서를 좋아한다. 우주정거장에는 약 20권의 작은 종이 책 도서관이 있다. 그들 중 대부분은 많은 사람들이 의도적으로 가져온 것이다. 예를 들어, 『치올코프스키(Tsiolkovsky)』가 있다. 그는 훌륭한 사람이자 전문가이기 때문에 일반인들이 즐기는 용도로 그 책을 읽을지는 의심스럽지만 우주에서는 있어야 하는 책이다. 그곳에서 나는 길랴로프스키(Gilyarovsky)[**]의 『모스크바와 모스크바 사람들』이라는 책을 발견했다. 비록 100번이나 읽었던 책이지만 다시 읽어도 여전히 즐겁게 느껴졌다.

대부분의 책은 여전히 전자파일로 되어있다. 나는 때때로 공상과학

[*] 러시아 작곡가와 러시아 시인. 두 사람은 부부 사이로 각각 1956년생, 1928년생이다.
[**] 블라디미르 알렉세이비치 길랴로프스키 : 1853년생으로 러시아의 작가이자 언론인.
— 역자 주

소설을 읽는다. 특히, 세르게이 루키야넨코(Sergei Lukyanenko)*의 책을 좋아한다. 사샤 미수르스킨(Sasha Misurkin)은 오디오 북을 좋아해서 직접 주문해서 들으면서 일한다.

170 우주에 있는 경우 선거에서 투표하는 방법은 무엇인가요?

투표한 적도 없고 기회도 없었다. 그러나 일반적으로 우주비행사는 자신의 선택을 비밀리에 알리고 임무제어센터에서 공식적으로 투표용지를 투표함으로 보낸다.

171 우주정거장에서 심각한 갈등이 발생한 적이 있었나요?

우주비행사도 사람이므로 우주정거장에서 갈등 상황이 발생한다. 하지만 정말 심각한 갈등은 기억나지 않는다. 내 경우에는 운이 좋게도 승무원들과 관계가 좋았고 모든 동료가 적절하고 현명했다. 그리고 누군가가 무언가를 좋아하지 않는 경우가 있었지만, 마음을 맞대는 대화로 문제를 해결할 수 있었다. 동시에, 그 사람을 존경심으로 대하고 그를 있는 그대로 받아들이는 것이 중요하다. 그는 당신이 함께 일해야 하는 성인 전문가이기 때문에 상대방을 바꾸려고 하지 않아야 하며, 자신의 감정이 갑자기 넘치면 물러서서 휴식을 취하고 진정되면 돌아와서 불쾌한 상황이 재

---

* 러시아를 대표하는 신세대 작가로서 1968년 4월 11일 카자흐스탄에서 태어났다. 알마아타 국립 의과대학을 졸업하고 1년간 정신과 의사로 활동하였다.

펄사(pulsar)―소유즈 TMA-10M 우주선의 승무원:
마이클 홉킨스, 올레그 까토프, 세르게이 랴잔스키

발하지 않도록 침착하게 논의해야 한다. "좋은 방법으로 욕"하는 능력을 개발해야 한다.

갈등으로 발전하는 가장 쉬운 부분은 주로 "일상생활"이다. 자기 자신을 깨끗하게 하지 않는 사람도 있고, 항상 청소도 하지 않는 사람, 약속을 잘 지키지 않는 사람, 자신의 임무를 부주의하게 처리하는 사람이 있다. 어떤 사람은 시간을 잘 지키고 현명하며 질서를 좋아하기도 하지만, 어떤 사람은 심각한 상황을 참지 못하고 날려버리고 싶어 해서 자기의 장비들은 흩어져 날아가고 아무것도 붙어 있지 않다. 이러한 상황을 어떻게 조정할 수 있을까? 대화를 통한 중재가 필요하다. 하고 싶은 것을 하되 동료를 위한 규칙을 기억하도록 해야 한다. 예를 들어, 장비들은 가져가서 나중에 다시 잘 찾을 수 있도록 보관하라고 설득을 한다. 일정에서 무언가를 변경하면 동료에게 알려주어야 한다. 그래서 기다리거나 쓸모없는 준비를 하지 말라고 얘기하는 것이 필요하다. 만약 당신이 일찍 일을 끝내서 자유로워지면 당신은 이것, 저것을 할 것이라고 알려주어야 한다. 또한 개방적이고 친근하게 행동하면서 다른 사람의 특성을 고려하라고 일러주어야 한다.

172 왜 사진을 찍기 시작했나요?

우주정거장에서 지구의 아름다움을 보고, 나는 말로 전할 수 없는 것을 정말로 공유하고 싶다면 사진 촬영법을 배워야 한다는 것을 깨달았다. 과자를 맛본 적 없는 사람이 사탕이 무엇인지 어떻게 설명할 수 있겠나? 그것은 경험한 사람만이 할 수 있을 것이다. 좀 더 정확히 말하자면 내 경우에는 행성의 아름다움을 보여주기 위해서 사진을 배웠다.

나는 내 눈으로 보는 것이 사진에 반영되지 않을 때 매우 화가 난다. 예를 들어, 태양과 달이 동시에 하늘에 나란히 매달려 있지만 사진에서는 이런 일이 일어나지 않는다. 하나는 너무 밝고 다른 하나는 너무 어둡다. 물론 그래픽 편집기를 사용할 수 있지만 그렇게 하고 싶지는 않다. 오랫동안 다른 방법을 찾아왔지만 찾을 수 없었다! 새벽과 북극광도 마찬가지다. 해가 뜨면 더 이상 오로라를 볼 수 없으며 둘 다 볼 수 있도록 만드는 것이 매우 어렵다.

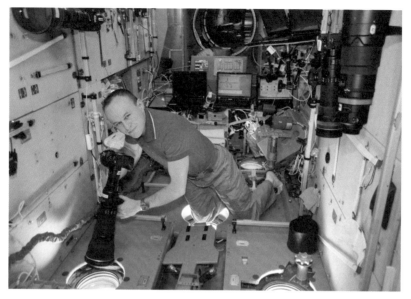

니콘 D5 카메라를 가지고 사진을 찍고 있는 세르게이 랴잔스키

또한 우주정거장의 속도가 빠르기 때문에 좋은 샷을 찍을 시간을 포착하기 힘들어서 미리 표준 세팅을 준비한다. 예를 들어 밤에 사진을 찍는다면 어둠에 필요한 일부를 미리 설정한다거나, 낮인 경우는 일반적인 설정을 해두는 것이다. 사진을 찍은 다음 자세히 보면 흐릿한 부분이 있을 수 있다. 그러면 카메라 세팅을 조정해야 한다. 그러나 처음부터 수동으로 사진을 찍는 것은 매우 어려운 일이다. 그래서 "포커스 브라케팅"이라는 기술을 사용한다. 반셔터 상태의 초점에서 한 장, 뒤 초점에서 한 장, 앞 초점에서 한 장씩 초점거리를 변환해서 3장을 찍는 모드다.

하지만 올레그 까토프, 표도르 유르치킨, 미하일 튜린이라는 좋은 선생님이 있었다. 그들은 각각 세 번째 비행을 했고 모두가 사진을 찍는 것을 좋아한다. 그러나 그들은 모두 자신의 방식으로 촬영한다. 올레그는 효과를 넣는 것을 좋아하고, 표도르는 주로 개별 개체를 촬영한다. 미하일은 인상주의를 좋아해서 프레임을 창의적으로 배열하곤 한다.

173 지구에서도 사진을 찍나요?

지구에서는 거의 사진을 찍지 않는다. 가족사진을 찍는 것은 아내가 한다. 나는 주로 찍힌 사진을 보기만 했지만 지금은 내가 찍기 시작했다. 사진의 맛을 들인 것이다.

174 우주정거장에서 사진 촬영에 어떤 장비를 사용하나요?

가장 일반적으로 사용되는 조합은 니콘(Nikon) D5, 800mm 렌즈, TC-20EII 2x 텔레 컨버터이다. 우리의 조건을 고려하면 촬영 파라메터는 셔터 속도 1/1000~1/5000s 다이어프램-F/11이고 조명에 의한 ISO를 사용한다. 내 경우에는 수동으로 설정하는 것이 더 익숙하고 더 편리하지만 피사체를 겨냥하고 후속 촬영을 하는 데 약 10초가 걸리기 때문에 어떤 조건에서는 자동 ISO 설정을 시도하여 조명 조정 시간을 절약할 수 있다.

일반적인 촬영에는 단 초점 렌즈를 사용한다. 오로라는 돔 모듈에서 아주 좋은 사진을 얻었다. 하지만 지구상의 디테일을 자세하게 볼 수 있도록 촬영하고 싶을 때는 깨끗한 창문이 필요한데 이는 러시아 모듈에만 있다.

돔 모듈에서의 세르게이 랴잔스키

175 "돔"이란 무엇이며 왜 필요한가요?

돔은 이탈리아 파트너가 만든 모듈이다. 2010년에 우주정거장에 도킹되었다. 파노라마 뷰를 제공하는 7개의 창으로 구성되어 있다. 지구를 관찰하고 그 안에서 명상하는 것은 좋지만, 창문의 특별한 커버리지 때문에 지구 사진은 그저 그렇다.

176 어디에서 사진을 찍나요?
   우주정거장에서 가장 좋아하는 장소는 어디인가요?

촬영하기에 가장 좋은 장소는 확실히 러시아 모듈이다. 누구나 알고 있다. 특히 고품질 사진은 피르스 도킹 모듈(일명 CO1)에서 얻을 수 있다. 예를 들어 산을 촬영하고 싶다고 해보자. 위에서 촬영하니까 사진에는 산이 있음을 보여주지 못하므로 약간의 각도를 주고 촬영해야만 한다. 피르스의 창문을 사용하면 이런 식으로 촬영할 수 있다. 이러면 물체의 3차원 모습과 원근감을 표현할 수 있는 완전히 다른 프레임이 얻어진다.

177 가장 좋아하는 피사체는 무엇인가요?

아름다운 장소가 많기 때문에 지구 전체를 촬영하는 것을 좋아한다. 그 중에서도 나는 캄차카 반도 사진을 찍는 것이 특히 좋다. 매우 아름다운

사진: 캄차카에 있는 크로노츠까야 사프카(Kronotskaya Sopka)[*]

---

[*] 러시아 캄차카 반도의 주요 성층화산.

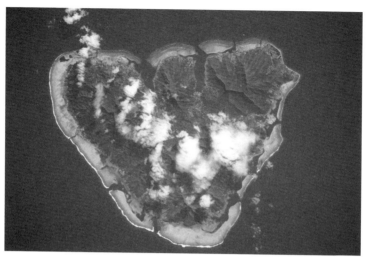

사진: 프랑스령 폴리네시아의 무레아 환초

화산과 언덕이 있고 누군가 항상 담배를 피우듯이 연기를 내뿜고 있기 때문이다. 그리고 놀라운 환초와 섬이 있는 프랑스령 폴리네시아도 매우 좋아한다. 그곳은 산호초로 둘러싸여 있으며 산호초 가장자리로 둘러싸인 아름다운 녹색 섬을 볼 때 인상적이다.

누나인 나디아와 나는 사진 사냥을 준비하기도 했다. 그녀는 지구의 어떤 화산이 폭발하기 시작하는지 지켜보다가 나한테 알려주면 나는 우주에서 그 사진을 찍는 계획이었다. 시간과 날씨를 추측하기가 매우 어렵지만 때로는 효과가 있었다. 인도네시아에서 드물게 분화가 있었지만 항상 구름으로 덮여 있다. 찍을 운명이 아니었다. 4일 동안 화산 위를 지나갔지만 구름이 항상 있었다.

별을 찍는 것도 매우 어렵다. 눈으로도 볼 수 있지만 사진 프레임이나 프레임 가장자리에 있는 밝은 물체 하나가 별인데 그게 다. 야간 촬영에서는 좀 더 낫지만 별의 밝기를 제대로 표현하는 것은 어렵다. "우리를 위해 하늘을 벗겨주세요."라고 계속 하늘에 요청해봐야 할 것 같다. 몇 장의 별 사진을 가지고 있지만 내가 마음에 안 들어서 소셜 네트워크에 올리지 않았다. 음, 여기 별이 있다고 말하면 사람들은 "그래서 어떻다는 것이지요?"라고 얘기할 것이다. 그러면 나는 이렇게 얘기할 수밖에 없다. "당신은 아주 많은 별을 볼 수 있다. 그러나 우리 지구가 더 아름답다." 때때로 사람들은 우주를 찍은 사진에 별이 없으면 스튜디오에서 촬영한 것이라 오해한다. 이렇게 말하는 사람은 사진 기술이나 물리학을 아무것도 이해하지 못하는 사람일 것이다.

178 같은 것을 다른 시간에 촬영하나요?

이상한 질문이다. 나는 항상 사진을 찍는다. 관심 있는 대상이 나타날 시간이 되면 일하는 도중이라도 잊지 않기 위해 알람을 설정한다. 자신의 카메라를 가지고 있으니 그것을 집어 들고 알람시계를 클릭하기만 하면 된다. 2분 정도만 보내고 다시 일을 시작한다.

어디로 날아갈지 미리 어떻게 알 수 있을까? 우리는 특별 프로그램 "시그마(Sigma)"를 가지고 있다. 이 프로그램에 지구상의 모든 물체에 대한 정보를 입력하기만 하면 된다. 그러면 그 다음 날에 그 위로 날아갈 시간을 알려준다.

오! 우리는 남미를 날아가고 있다. 사진을 찍어야만 한다. 그럼 거기서

사진: 우주정거장의 세르게이 랴잔스키가 찍은 기타 모양의 아르헨티나 농장

무슨 일이 일어나는지 볼 수 있다. 오! 현장에 불이 났다. 찍는다. 오! 기타
모양의 농장이 있다. 찍는다.

179 이상한 것을 포착한 적이 있나요?

흥미로운 일이 많이 발생한다. 예를 들어 내가 찍은 사진들을 보면 사각
형, 원 등의 다각형이 찍힌 것을 볼 수 있다. 어느 누구에게 물어봐도 그게
뭔지 아무도 모르더라. 이게 바로 UFO 기지가 아닐까? 그러나 나중에 이
것이 프랑스군의 항공기 사격장이라는 사실을 알게 되었다.

사진 속에 있는 사물을 찾아내는 것을 배우는 것도 매우 중요하다. 예

사진: 우주정거장에서 세르게이 랴잔스키가 찍은 달

를 들어 찍힌 사진들 속에서 에베레스트를 찾는다고 해보자. 빠르게 지나가는 물체 중에서 어떻게 구별할 수 있을까? 만약 에베레스트 정상이 구름을 뚫고 나와 있으면 찾기가 쉬울 것이다. 그러나 만약 그렇지 않다면? 티베트에서 독특한 모양의 호수를 발견한 적이 있는데 처음에 나는 이것을 "나비"라고 명명했다. 그러나 이 호수를 보고, 특정 각도로 대각선을 그려서 확인해 보니 거기에는 에베레스트가 있었다.

180 다른 사람들은 어떤 것들을 촬영하나요?

누군가는 풍경, 누군가는 특정 물체의 사진을 찍는다. 예를 들어, 표도르 유르치킨은 오랫동안 남미 페루 영토의 안데스 산맥에 위치한 고대 잉카 마추픽추의 도시를 촬영하려고 노력했다. 음, 그런데 우주에서 그것을 제대로 볼 수는 없었다. 오직 작은 점으로 보인다. 그러나 그는 사진에서 그점을 찾아냈다는 것만으로도 매우 기뻐했다.

마이클 홉킨스는 미식축구 경기장만 촬영했다. 축구장은 매우 커서 우주에서도 명확하게 볼 수 있다. 과거에 그는 미식축구를 아주 잘했었다고 러시아 모듈에 올 때마다 매번 자랑하곤 했다. 지금 우리는 미국 쪽으로 날아가고 있으니 마이클은 분명히 경기장 사진을 찍을 것이다.

181   사진 속에서 상트페테르부르크보다 모스크바가 잘 보이는데 그 이유는 무엇인가요?

중요한 것은 우주정거장의 궤도경사각이 51.6도라는 것이다. 이 위치에서는 플러스 또는 마이너스 북위(또는 남위) 55도 안에 들어가는 곳은 명확

사진: 우주정거장에서 세르게이 랴잔스키가 찍은 상트페테르부르크의 밤

하게 볼 수 있다. 상트페테르부르크는 위도가 60도에 있어 북쪽으로 훨씬 더 멀리 위치하기 때문에 우주정거장에서 볼 때 수평선까지 매우 작은 각도로만 촬영할 수 있다. 그러한 각도에서 보면 빛이 더 두꺼운 층을 통과해야 하고 그 층에는 구름과 연기가 있다. 또한 상트페테르부르크의 날씨는 종종 그다지 좋지 않다. 피터[*]를 잘 찍을 수 있는 것이 매우 드물기는 하지만, 두 번째 비행에는 내가 해낼 수 있으리라 믿었고, 드디어 해냈다.

182 촬영하기 어려운 다른 장소는 어디인가요?

남극이다. 내 캐빈의 창에서 직접 볼 수 있어서 주기적으로 남극의 하늘이 열리는지 확인한다. 거기도 다른 곳과 비슷하다. 영원히 계속될 것 같은 구름, 얼음, 그리고 흰색바탕에 흰색은 정말 구분하기 어렵다. 그러나 몇 번 구름이 걷힐 때 남극대륙이 나타났다. 빙산이 적도방향으로 툭 튀어 나온 부분이 있던 적이 있었고 우리는 좋은 사진을 찍을 수 있었다.

183 우주정거장에서 가장 비싼 것은 무엇인가요?

우주비행사이다. 우리는 러시아의 예산규모에 비하면 매우 비싸다.

---

[*] 상트페테르부르크는 영어로 세인트 피터(Saint Petersburg)이며 간단하게 애칭으로 '피터'라고 한다. ― 역자 주

사진: 우주정거장에서 세르게이 랴잔스키가 찍은 남극 대륙

184 우주정거장은 언제쯤 궤도에서 벗어나게 되나요?

그것에 대해 생각하기에는 아직 너무 이르지만, 절차는 미르 우주정거장
에서 했던 것과 똑같다. 우주정거장은 태평양의 물속에 잠기게 할 것이
다. 그러기 위해서는 추력기에서 나오는 임펄스를 어떻게 작동해야 하는
지 계산하고, 임펄스가 더 효과적이게 하도록 우주정거장의 자세를 잡는
다. 그 다음 우주정거장에 연료를 채운 화물선 프로그레스를 도킹시키고
계산된 궤도 지점에서 화물선의 엔진을 가동시킨다. 우주정거장의 속도
는 제1 우주속도보다는 작게 만들면 "국제우주정거장"은 대기로 진입하
게 되고 연소되면서 붕괴될 것이다.

CHAPTER 5

지구로의 귀환

우주비행사는 착륙하는 동안 무엇을 하고 있나요?

•

착륙 직후에는 어떻게 되나요?

•

회복은 얼마나 걸리나요?

185 지구로의 귀환을 준비하는 데 얼마나 걸리나요? 무엇을 가져가나요?

준비하는 데 2주가량 주어진다. 우리가 지구로 운송하는 물품을 준비하는 것은 매우 중요하다. 귀환선에 여유 공간이 충분하지 않다. 지상 작업자와 함께 테트리스 게임하듯이 모든 컨테이너를 가장 효율적인 방법으로 배치하려고 앞뒤로 다시 정렬한다. 또한, 도킹해제 전 마지막 날에 포장되어야 하는 "긴급" 화물이 있다. 그것을 감안해서 공간을 남기지 않으면 딩신이 하루 종일 이미 넣은 것을 바꾸어야 할지도 모른다. 만약 화물을 재배치하는 것이 힘든 상황이 오면 지구 측과 상의한다. 그러면 지구측에서 화물배치에 대한 자문을 해줄 것이다.

186 귀환을 위해 어떤 준비를 하게 되나요?

책임감 있게 준비한다. 우리는 떠나는 것이기 때문에 개인 소지품, 과학 장비, 엔지니어링 장치, 실험 데이터가 담긴 플래시 드라이브를 가져간다. 아무것도 잊지 않도록 모든 것이 계획되어야 한다.

또한 자동 하강, 수동 하강 등 훈련을 반복한다. 강사가 연락을 취하면 우리는 온보드 문서를 손가락으로 짚으면서 하강시퀀스를 읽는다. "당신은 여기서 이것, 저것을 하고 있다. 당신은 이 단계에서 들릴 것이고, 이 단계에서는 아마 아닐 수도 있지만, 당신은 여전히 보고서를 보고 있고, 당신의 행동과 감정에 대해, 과부하에 대해 보고한다. 지구에 도착해도 긴장을 풀지 마라. 당신들은 여전히 이것을 해야 하고 그래야 구조대가 우주선에 접근할 수 있을 것이다."

신체 활동도 증가하기 시작한다. 전문가의 추천에 따라 시뮬레이터에 대한 일일 교육을 변경한다. 마지막 날 우리가 돌아올 때 모든 종류의 약과 소금 보충제를 복용한다. 결국 구조대와 거리가 멀고 예정되지 않은 지역에 착륙하면 생존을 우리 손에 맡겨야 하고 이를 위해 좋은 신체 상태가 되어야 하기 때문이다. 신체는 빠르게 좋아지지만 앞으로 다가올 극한 상황에 대비해야 한다.

187 우주정거장에 도착할 때와 같은 우주선으로 귀환하나요?

우리는 보통 우주정거장에 올 때와 같은 우주선으로 귀환한다. 같은 우주선, 같은 우주복을 입는다. 그러나 때로는 재배치를 해야 할 수도 있다. 만약 전문 우주비행사가 아닌 관광객들이 우주정거장에 도착하게 되면 보통 10일 후 지구로 보내진다. 즉 관광객은 올 때의 승무원과 귀환할 때의 승무원이 다르다는 얘기다.

우주선에는 각 우주비행사에 맞게 시설이 구축되기 때문에 비행사들이 앉는 의자조차도 우주선에서 우주선으로 옮겨야 한다.

올레그 노비츠키(Oleg Novitsky)와 함께 소유즈 MS-03에 탑승한 페기 윗슨(Peggy Whitson)이 우주정거장에 온 적이 있었다. 올레그는 떠났고 그녀는 자기의 임무가 연장되었기 때문에 몇 달 더 머물렀다. 그 후에 그녀는 자신의 숙박 시설, 우주복 및 모든 소지품과 함께 표도르 유르치킨에게 넘겨졌고, 그는 소유즈 MS-04 우주선을 타고 지구로 페기를 돌려보냈다. 일반적으로 모든 일이 발생할 수 있다.

188 귀환 전에 전통이 있나요?

아직 없다. 그러나 중요한 것은 아무것도 잊어버리지 않아야 한다는 것이다. 긴장을 풀고 푹 자는 것이 좋다. 나머지 승무원은 귀환자를 방해하지 않으려고 조심한다.

189 대기에서 태워버리는 구획에는 무엇이 실리나요?

우리는 귀환선과 분리된 구획에 일상 쓰레기를 싣고 태워 버린다. 임무제어센터는 탄도를 계산하기 위해 소유즈의 자세를 명확하게 알아야 하므로 우주선에 어떤 것이 어떻게 채워져 있는지를 알아야 하고, 지구와 협의하여 조정할 수도 있다. 불필요한 것을 넣으면 우주선 무게중심이 바뀐다. 잘못된 각도로 대기에 들어가면 큰 과부하가 발생하고 당초 계획된 영역과는 벗어난 지점에 떨어진다.

190 귀환 전에 우주정거장에서 어떤 것들을 챙기나요?

자신의 물건, 과학적 결과 등이 가장 중요하다. 그러나 이미 말했듯이 우주선의 무게 중심에 영향을 미치기 때문에 당신이 가져가는 모든 것은 공식적으로 규제된다. 또한 만약 착륙 지점에 있는 귀환선으로 부터 당신이 멀리 끌려가게 되더라도 전문가가 즉시 화물을 분해하고 "긴급" 화물을 찾아야 하기 때문에 어디에 무엇이 있는지 명확하게 알아야만 한다.

191 우주비행사는 착륙하는 동안 무엇을 하고 있나요?

우리는 우주복을 입고, 우주선에 올라타서 몸을 묶은 다음, 견고함을 확인한다. 그리고 나서 우주정거장에서 도킹을 해제한다. 모든 시스템의 작동을 확인한 후, 주어진 지역에 착륙하려면 지구를 공전하는 90분 동안 특정 1초에 제동 임펄스를 내야 한다. 일반적으로 컴퓨터가 그것을 수행하지만 장애가 발생하면 우리가 그것을 직접 수행해야만 한다. 1초의 지연은 지구 착륙 지점에 큰 오차를 제공하므로 시간 내에 대응하고 즉시

특정 지역에 착륙한 소유즈 MS-05 귀환선(사진: 안드레이 쉘핀/CPC)

수동 제어로 전환하는 것이 매우 중요하다.

　제동 임펄스가 발생하면 분리 프로그램이 시작된 것이다. 우주선은 대기로 들어가고 두 개의 구획, 즉 기기 집합체와 승무원 구획은 서로 다른 방향으로 갈라진다. 대기에서 귀환선이 다소 안정화되면 컴퓨터는 우리를 계산된 지점으로 이동시키기 시작한다. 이때가 여러 달의 비행 중 가장 위험한 단계이기 때문에 지속적으로 보고해야만 한다. 우리는 시스템의 매개 변수를 보고 우리가 보는 모든 것에 대해 보고한다. 과중력이 시작된다. 우주선 내에 있는 문서를 손으로 들면 주철로 만든 덤벨처럼 무겁다고 느낀다. 특정 높이에서 낙하산이 열리고 우주선은 그 아래에 낙하한다.

192 도킹 해제는 어떻게 이루어지나요?

도킹할 때와 같은 절차를 따르지만 순서는 반대다. 해치가 닫히고, 도킹 프레임이 잠기고, 도킹로드가 확장되면 스프링이 있는 밀대가 우주선을 우주정거장에서 멀리 떨어뜨린다.

193 지구가 다가오는 것을 보았을 때 어떤 느낌이 들었나요?

가장 큰 생각은 "이제 집에 간다!!"이다. 그러나 우리의 임무는 무언가를 느끼는 것이 아니라 시스템을 제어하는 것이다. 임무가 중요하므로 불필요한 생각은 버려야 한다. 거의 집에 다다르고 있으니 인내심만 있으면 된다. 물론 어렵다.

194 비행시간은 얼마나 걸리나요?

각 비행마다 다르다. 나의 마지막 비행을 예로 들면, 모스크바 시간 아침 8시 4분 우주정거장을 출발했고 11시 반에 우리는 이미 지구에 도착해서 카자흐스탄의 도시 제스카스간(Dzhezkazgan) 근처에 있었다. 즉 3시간 몇 분 만에 다 끝났다.

195 착륙 지역은 어떻게 선정되나요?

착륙지역은 수색 및 구조 프로그램에 의해 선택된다. 일반적으로 전문가는 가장 단거리 비행이 가능한 궤적을 가상해서 날씨와 사용 가능한 기술적 수단을 먼저 고려한다. 그런 다음 알려준다. "여러분들은 이런 지역에 착륙할 것이다. 빨리 찾을 수만 있다면 어디에 앉든 상관하지 않는다."

196 셔틀은 비행기처럼 활주로에 착륙하는데, 왜 소유즈는 그냥 땅에 착륙하나요?

셔틀은 우주왕복선 비행기이기 때문에 잘 준비된 비행장이 필요하다. 소유즈 귀환선은 실제로 물에도 착륙할 수 있다. 그러나 소련 시대로 거슬러 올라가서 그 당시 착륙장으로 사용되었던 거대한 대초원이 지금도 필요하다고 생각하지 않는다.

197 착륙은 지구에서 어떻게 추적되나요?

지상에서 추적에 사용되는 수단은 레이더 및 무선 방향 탐지기 등이다. 착륙이 계획대로 진행되면 구조대는 헬리콥터로 최대한 빨리 도착한다. 첫 비행 때는 15분이 걸렸고, 두 번째 비행 때는 3분 정도 기다렸다.

198 착륙 직후에는 어떻게 되나요?

헬리콥터 구조대원은 나란히 앉아 귀환선에 사다리를 설치하고 해치를 열고 우주비행사를 차례로 데리고 나간다. 구조대원은 우주비행사들을 특별한 의자에 앉히고 겨울이면 담요를 덮어준다. 물론 우리도 스스로 나갈 수 있었지만 이것이 확립된 질서다. 위성 전화로 즉시 집에 전화를 걸어 가족에게 안전하고 건강하다고 알릴 수도 있다. 구조대원들은 온열 텐트를 펼친다. 그 안에서 우리는 초기 건강 검진을 받고 운이 좋으면 "현장 테스트"를 받는다. 이 과정은 우리의 성과를 평가하는 과학적 실험이기도 하다.

두 번째 비행에서 돌아온 후의 세르게이 랴잔스키(사진: 안드레이 쉘핀/CTC)

199 우주비행사는 왜 어두운 안경을 쓰나요?
사진 속의 당신은 왜 안 썼나요?

맞다, 선글라스가 있다. 특정 조명을 사용하는 우주정거장에서 지내는 데 익숙하고 몇 달 동안 일광을 보지 못했기 때문에 선글라스가 필요하다. 처음에는 태양 빛 때문에 눈이 아파서 보통은 모두가 눈을 잘 뜨질 못한다. 그러나 나는 쓰지 않았다.

200 가족은 언제 볼 수 있나요?

가족은 일반적으로 착륙장에 입장이 허용되지 않는다. 따라서 모스크바 근처의 차칼로프스키(Chkalovsky) 비행장으로 날아갈 때까지는 볼 수 없다. 첫 번째 비행에서는 비행장 통로에서 만났다. 가족을 껴안고 키스한 후에 즉시 건강 검진을 받았다. 그러나 두 번째 비행 후에는 날씨가 좋지 않아 카라간다*에 갇혔다. 가족과 친구들은 기다려야 했다.

201 비행 후에 어디가 가장 아픈가요?

다 아프다! 우선, 귀의 전정기구는 이미 무중력 상태에 적응되어 있기 때문에 지상에 착륙 후 비틀거리고 아팠다. 그러나 매우 빠르게 회복된다.

---

* 카자흐스탄의 도시. — 역자 주

완전한 적응에는 이틀이 걸린다. 등도 아프기 시작하고 관절도 아프다. "아빠가 미안하다. 오랫동안 앉아 보지를 않아서 아프다."

202 착륙 후 우주비행사는 어디로 가게 되나요?

먼저 가장 가까운 비행장으로 이동한 다음 재활을 위해 스타시티로 간다. 미국과 유럽 동료들은 휴스턴으로 날아간다.

203 회복은 얼마나 걸리나요?

3주 동안 개인 트레이너와 승무원 의사의 감독하에 회복을 위해 재활을 한다. 여기에는 하루 4회 스포츠 활동, 치료, 물리 치료 등이 포함된다. 그 후 평범한 지구인이 되지만 일반 작업은 여전히 매우 힘들고 극복해야 할 것이 많다.

204 지구에 돌아와서 몸은 어떻게 회복하나요?

마사지, 수영, 사우나 등의 도움을 받는다. 강도 높은 근력 운동과 조깅은 당분간 금지된다. 비행 후 우리의 주요 임무는 자신을 돌보고 천천히 회복하는 것이다.

205 우주정거장에 떠다녔던 유리컵을 잊을 수 있나요?

우주비행사 중 어느 누구도 돌아올 때 우주정거장에 유리컵을 남기지 않는다. 누군가 인터뷰할 때 이런 농담을 했지만 그들은 믿었다.[*]

206 우주비행의 부작용은 무엇인가요?

나는 특별한 부작용을 발견하지 못했다. 우주 공간이 그립다.

207 언제 몸이 완전히 회복된 것으로 간주할 수 있나요?

회복은 지구에 도착함과 동시에 시작된다. 물론 허리가 떨리고 아프지만 특별한 것은 없다. 2주 동안 술을 마신 것처럼 걷지만 걷고는 있다. 첫날, 두 번째 날에는 크게 어지럽다. 첫 비행 후 즈뵤즈드니(Zvezdny)에 있는 우주비행사 훈련센터 건물 사이를 달리려고 했던 것을 기억한다. 봄이었고 나무의 냄새가 아름답게 느껴져서 그랬던 것 같다. 그러나 그때 내 무릎은 작은 수박처럼 부어올랐고, 코치는 오랫동안 꾸짖었다.

---

[*] 우주정거장에는 유리컵을 가지고 갈 수 없기 때문에 할 수 있는 농담이다. — 역자 주

208 우주비행사는 비행을 어떻게 보고하나요?

우리는 보고서를 전달하고 기술 전문가 및 과학자와 한 달 동안 일한다. 과학 기사 작성에 참여하기도 하고 때때로 호기심 많은 시민들의 질문에 답하는 책을 쓰기도 한다.

CHAPTER 6

비행 후 생활

우주정거장과 지구에서 사는 것의 장단점은 무엇인가요?

•

우주비행사로 일한 후에 무엇을 할 수 있나요?

•

우리는 언제 다른 행성에 갈 수 있을까요?

209 우주비행사는 상을 받기도 하나요?

물론 우리는 보상을 받는다. 다른 우주비행사들과 마찬가지로 나도 러시아 영웅이 받는 금성 메달을 받았다. 또한 나는 가가린 메달과 NASA 졸업장을 가지고 있다. 경험 많은 동료들은 더 많은 상을 받는다. 메달의 숫자는 다양한 우주 임무, 국제 프로젝트, 자신의 비행 기술, 봉사 기간에 대한 참여에 달려 있다.

210 우주비행사는 비행 후 무엇을 하나요?

자격과 욕구에 따라 다르다. 누군가는 다음 우주비행을 준비하기 시작하고, 누군가는 승진을 위해 가고, 누군가는 다른 일을 위해 떠난다. 나는 지

학생들에게 인기 있는 강의를 하고 있는 세르게이 랴잔스키

금까지 일반 대중 활동을 해왔다. 사업가들에게 강의를 할 때는 사업을 할 때 스트레스가 많은 상황이 오면 내가 우주에서 적용했던 방법을 알려 주기도 한다. 또는 효과적으로 팀을 구성하는 방법에 대해서도 설명한다. 또 다른 활동 영역은 내가 앞장섰던 러시아 학생 운동이다. 완전히 새로운 조직이지만 전국 모든 지역을 대표하고 있으며 응원을 얻고 있다. 운동의 일환으로 자원 봉사, 환경, 지역 역사 분야에서 다양한 어린이 프로젝트를 지원한다. 우리는 학교 박물관, 건강한 생활 방식을 촉진하는 프로그램, 러시아어 및 문학 공부, 독서 등을 돕기도 한다. 이 모든 것이 나에게 매우 흥미롭고 우리 사회에 굉장히 중요하다고 생각한다.

211 우주정거장과 지구에서 사는 것의 장단점은 무엇인가요?

비교할 수 없다. 물론 우리는 우주정거장이 "지구의 작은 부분"이라고 하지만 지구에 비하면 매우 작은 입자에 불과하다. 우주정거장에서 우리는 자원도 부족하고 혼잡한 환경에 놓여있다. 또한 엄격한 일정에 따라 살고 있으며 실제로 우리 자신은 없다. 무엇보다 친구와 가족과는 거리가 멀고 불편한 극한 상황에서 살고 있다는 것이 가장 큰 단점이다.

장점은 무엇일까? 우리의 작업은 인류에게, 과학자에게 엔지니어들에게 필요하다. 우주를 꿈꾸고 우리 곁에 있기를 원하는 모든 사람들이 우리의 작업을 필요로 한다는 것을 깨닫는 것이 큰 장점이고 감동이다. 브이사츠키(Vysotsky)가 무엇을 노래했는지 기억하나? "아래에서는 당신의 행복한 삶을 아무리 길게 잡아도 그러한 아름다움과 기적을 10분의 1도 만나지 못할 것이다."

212 두 번째 비행이 첫 번째 비행보다 쉬웠나요?

두 번째 비행은 다르다. 단지 다르다. 이것이 더 간단하거나 더 복잡하다는 말은 아니다. 하지만 두 번째 비행에서는 사령관으로 갔기 때문에 내 자신의 훈련과 동료 훈련에 대한 접근 방식을 완전히 바꿔야 했다. 첫 번째 비행에서 나는 윙맨이었고 두 번째 비행에서는 리더였기 때문에 승무원, 팀의 잘 조정된 작업, 문제의 신속한 해결에 대한 책임 등의 다양한 활동으로 많은 경험을 쌓았다. 할 일은 많았지만 우주정거장에서는 적응하

보레이-소유즈 MS-05 승무원: 파올로 네스폴리, 세르게이 랴잔스키, 렌돌프 브레즈닉
(사진: 안드레이 쉘핀/CPK)

기가 더 쉬웠다. 첫 비행 경험을 통해 어디를 확실하게 해야 하고, 어디를 더 차분하게 해야 하는지, 어떤 경우에는 더 해야 하고 어떤 경우에는 쉬어야 하는지, 원칙의 문제는 어디에 있는지 그리고 어떤 경우에는 확인을 해야 하는지를 이미 알고 있었기 때문에 더 쉽게 적응했던 것 같다.

213 비행과 비행 사이에 얼마의 기간이 필요한가요?

특별한 제한은 없다. 그러나 내부 규정에 따라 귀국 후 6개월 후에 건강 검진을 받아야 한다. 우주비행사의 상태를 확인하고 다음 비행에 적합한

지 여부를 결정할 것이다. 모든 것이 정상이고 다시 비행하고 싶다면 시작 2년 전에 구성되는 새로운 우주비행 팀에 배정된다. 회복을 위해 6개월, 해결책을 위해 6개월, 승무원 교육에 2년 정도 걸린다. 기껏해야 3년 안에 다시 비행할 수 있다.

214 다시 우주비행을 떠나고 싶나요?

동료들이 어떻게 생각하는지에 대해서는 말할 수 없지만, 물론 나는 정말 가고 싶다. 나는 우주정거장이 그리워서 가끔 꿈을 꾼다. 그러나 모든 것이 우리가 하고 싶다고 되는 것이 아니다. 가족이 있다. 내가 결혼했을 때 아내와 합의한 것이 있다. 두 번만 비행을 하겠다고 한 것은 아니고 기회가 된다면 모든 비행 기회에 대해서 신중하게 생각하겠다고 했다. 생각할 때가 왔다. 또한 나이가 들면서 자신에 대한 질문이 더 크게 들린다. 다음 비행에서는 어떤 새로운 도전을 설정해야 하나? 세 번째로 우주정거장으로 비행하는 것이 좋은 이유는 무엇인가? 가족이 힘들고 집으로 돌아 가야할 때라는 것을 알기에 나의 이기적인 욕망과 가까운 사람들의 바람을 같이 고려해야 한다.

215 비행 횟수에 제한이 있나요?

일반적으로 아니다. 어떤 미국인은 6번 또는 7번씩 비행했다. 나와 함께했 던 세르게이 그리깔레프(Sergey Krikalev)와 유리 말렌첸코(Yuri Malenchenko)

는 6번 비행했다. 숙련된 우주비행사는 건강과 나이가 허락하는 한 비행할 수 있다. 이전에 우주정거장에 가본 적이 있고 연구를 마치고 적절하게 예측 가능한 것으로 인식되면 다음 승무원에 들어갈 가능성이 크게 높아진다. 아마도 순서에 관계없이 요청이 들어올 수 있다. 반면에 우리는 또한 옳은 것이 무엇인지 판단을 해야 할지도 모른다. 우주정거장에 필요한 우주비행사의 공급은 해마다 줄어들고 있으며, 젊은 사람들은 자신을 보여줄 수 있는 기회를 기다리고 있다. 그러므로 젊은이들에게 기회를 주어야 한다.

216 우주비행사로 일한 후에 무엇을 할 수 있나요?

합법적인 틀 안에서 무엇이든 할 수 있다. 모든 문은 열려 있다. 그리고 우주비행사, 특히 우주비행 조종사의 지위는 여전히 양질의 직업을 가질 수 있는 기회가 많다. 물론 우주비행사들은 스스로 새로운 변화를 일으키고 자기의 경험을 활용하기를 원하지만 오늘날에는 그러한 활동이 특별히 필요하지 않다. 훈련을 시킬 충분한 자격을 갖춘 전문가가 많기 때문이다. 그러나 내 생각에는 직업을 그만둔 우주비행사라도 그의 생애가 끝날 때까지 가치 있고 존경받는 사람으로 남아있을 것이다. 결국 우리는 원하든 원하지 않든 다른 사람들에게 모범이 되는 경우가 많다.

217 우주비행사들은 비행 후에도 서로 연락을 하고 지내나요?

물론이다. 내가 말했듯이 나는 훌륭한 승무원들과 오랫동안 작업을 같이 했다. 우리들끼리는 매우 친하고, 우리는 끊임없이 소통하고, 연락하며 지낸다.

물론 다른 경험을 하고 있는 사람들도 많다. 함께 비행했던 사람들에게 더 이상 연락을 안 하는 사람도 있다. 왜냐하면 관심사와 삶에서 비슷한 점이 거의 없다는 것을 깨달았기 때문이다. 이런 의미에서 나는 운이 좋은 사람이다.

또한 전문 우주비행사인 우리에게 비행은 가장 중요하고 아마도 인생에서 가장 즐거운 사건 중 하나라는 것을 기억해야 한다. 그리고 우주비

달빛이 비치는 지구와 오로라의 빛(사진: 국제우주정거장에서 세르게이 랴잔스키)

행은 사람들을 더 가깝게 만든다. 동료들과 함께 극복할 수 있었던 모든 경험, 스트레스, 어려움은 당신을 "거대한 비밀"을 가진 작은 팀의 일원으로 만든다.

218 달 프로그램이나 화성 탐사에 참여할 기회가 있다면 어떤 임무를 수행하고 싶나요?

물론 달과 화성으로 날아가는 꿈이 있다. 그러나 이것은 가까운 미래에 가능하지 않을 것이다. 행성 간 비행은 비용이 많이 들고 많은 국가의 참여가 필요하다.

그러나 만약 그런 프로그램이 나오면 어떤 일이라도 할 것이다. 프로그램에 참여하는 것은 이미 그 자체로 훌륭하기 때문이다.

219 선택할 기회가 있다면 달이나 화성 중 어디로 날아가고 싶나요?

물론 화성으로! 사람들은 달에 가봤다. 이제는 화성으로 날아갈 시간이다.

220 엘리베이터로 우주에 갈 수 없나요?

이론적으로는 무엇이든 가능하다. 그러나 그 아이디어는 실제로 돈이 매우 많이 들어간다. 현재 이루어지고 있는 우주비행보다 훨씬 비싸다. 거대하고 비싼 구조의 엘리베이터 없이 로켓만으로도 우주비행이 가능하다면 굳이 필요하지 않을 것이다.

221 우리는 언제 다른 행성에 갈 수 있을까요?

우주비행사의 행성 간 비행은 확실히 우주정거장보다 훨씬 더 비싸고 복잡한 프로젝트가 될 것이다. 그리고 아주 강력한 힘이라도 하나의 힘만으로는 쉽지 않을 것이다. 그러나 불행하게도 알다시피 지금 세계는 협력하기보다 서로 종종 다투고 있다.

나는 화성 탐사에 대한 열렬한 지지자다. 이것이 미래인 것 같다. 그리고 이러한 프로그램은 엄청난 기술적 이점을 가져올 것이다. 나는 세상이 좀 진정될 때 가장 야심찬 우주 프로젝트를 위한 돈이 있기를 간절히 바란다.

222 미래의 우주는 어떤 모습일까요?

나는 미래의 우주가 유인 우주선으로 가득찰 것이라 희망하고 믿는다. 실제로 우주는 사람이 없으면 텅 빈 죽은 곳으로 남을 것이다.

감사의 글

우주로 비행하는 동안 기다리며 지원하고 믿음을 준 아내에게 고맙습니다. 그리고 세상에 대해 배우며 앞으로 나아갈 수 있게 해주신 부모님과, 항상 의지가 되는 동생에게도 고맙습니다.

유리 가가린 우주비행사 훈련 센터(Yu. A. Gagarin Cosmonaut Training Center)에서 일하는 강사분들의 훌륭한 가르침 덕분에 우주비행을 잘 마칠 수 있었습니다. 정확하고 흥미로운 질문을 해준 구독자분들이 없었다면 이 책은 세상의 빛을 보지 못했을 것입니다.

또한 내 친구 블라디미르 오브루체프(Vladimir Obruchev)와 출판사 봄보라(BOMBORA)에게도 감사드립니다.

우주비행사에게 물어보는
시시콜콜 우주 라이프

초판 인쇄 | 2022년 7월 5일
초판 발행 | 2022년 7월 10일

지은이 | 세르게이 랴잔스키
그린이 | 알렉세이 옙투셴코
옮긴이 | 박재우
펴낸이 | 조승식
펴낸곳 | (주)도서출판 북스힐
등록 | 1998년 7월 28일 제22-457호
주소 | 서울시 강북구 한천로 153길 17
전화 | 02-994-0071
팩스 | 02-994-0073
홈페이지 | www.bookshill.com
이메일 | bookshill@bookshill.com

ISBN 979-11-5971-439-9
값 16,500원